博碩文化

改變世界的力量

臺灣物聯網大商機

裴有恆・陳冠伶 著　第二版

Opportunities And Challenges
That The Internet Of Things
Creates

改變世界的力量
臺灣物聯網大商機

裴有恆・陳冠伶 著 第二版

Opportunities And Challenges
That The Internet Of Things
Creates

作　　者：裴有恆、陳冠伶
責任編輯：林鈺騏
企劃主編：陳錦輝

董 事 長：蔡金崑
總 經 理：古成泉
總 編 輯：陳錦輝

出　　版：博碩文化股份有限公司
地　　址：221 新北市汐止區新台五路一段 112 號 10 樓 A 棟
　　　　　電話 (02) 2696-2869 傳真 (02) 2696-2867

發　　行：博碩文化股份有限公司
郵撥帳號：17484299　戶名：博碩文化股份有限公司
博碩網站：http://www.drmaster.com.tw
讀者服務信箱：DrService@drmaster.com.tw
讀者服務專線：(02) 2696-2869 分機 216、238
（周一至周五 09:30 ～ 12:00；13:30 ～ 17:00）

版　　次：2017 年 11 月再版

建議零售價：新台幣 420 元
I S B N：978-986-434-255-6（平裝）
律師顧問：鳴權法律事務所 陳曉鳴律師

本書如有破損或裝訂錯誤，請寄回本公司更換

國家圖書館出版品預行編目資料

改變世界的力量：臺灣物聯網大商機 (第二版)
／ 裴有恆，陳冠伶作 . – 再版 . -- 新北市：
博碩文化，2017.11

面；　公分

ISBN 978-986-434-255-6(平裝)

1.資訊服務業 2.產業發展

484.6　　　　　　　　　　　106018296

Printed in Taiwan

博碩 粉絲團　歡迎團體訂購，另有優惠，請洽服務專線
(02) 2696-2869 分機 216、238

推薦序

　　隨著科技的進步，網路的傳輸頻寬越來越大，網路的傳輸速度也越來越快。加上在各種不同工作環境下，所需使用的通訊協定也陸續的被開發出來，如 ZigBee、Z-Wave、Thread 等。此外，由於 MEMS 技術的成熟，各式各樣的感應器也相繼的問世，除了傳統的電流電壓等物理量的量測外，有關人體生命特徵的心電圖，血壓血糖等數值的量測也變得很簡單，除了檢測速度比以往更快以外，價格也非常便宜。在這些科技技術的支持下，物聯網產業的成熟與逢勃發展是一個水到渠成的結果。

　　物聯網的架構是由感測層、網路層與應用層所組成，把各式各樣的感測器透過網路結合在一起，感測資料經過網路上傳到雲端後，經過大數據分析，便可以做各種不同的應用服務。例如：智慧城市、智慧交通、智慧家庭、智慧電網、智慧零售、智慧物流、智慧穿戴、智慧健康、智慧醫療等等。本書的作者，裴有恆老師有著多年的產業研發創新經驗，除了持續的推廣研發創新的觀念與方法外，對於物聯網產業的現況與未來的發展也有很深的研究與洞悉，經常受聘到國內各大企業與中小企業，講授物聯網以及研發創新的課程，透過生動有趣的活潑教學，給學員們一個充實的學習過程。有鑑於物聯網產業的發展，對於台灣產業的永續發展與生存有著極大的影響力，本著推廣知識的理念以及好東西與好朋友分享的理念，裴老師把他多年的研究心得整理成書，希望讓更多的國人能夠輕鬆的了解什麼是物聯網，物聯

網會帶給我們日常生活什麼樣的影響？以及了解物聯網所帶來的商業模式和商業機會。

本書共分五章以及附錄。第一章"什麼是物聯網"，內容詳細的說明了物聯網的發展過程、物聯網的架構、物聯網對我們的影響，並針對目前最常用的分類的內容，一一的說明清楚，包括了智慧家居、智慧穿戴、智慧健康、智慧城市、智慧零售、智慧旅遊、智慧工業、智慧農業等等。

第二章"穿戴式裝置產業"，內容詳細的說明了穿戴式裝置產業的發展歷程。從 1945 年由萬尼瓦爾 · 布希提出了穿戴式裝置概念，到 2015 年 Apple 發表了 Apple Watch。

第三章"智慧家居產業"，內容將智慧家居產業的發展過程分為三個時期：豪宅自建與裝修補建時期、保全安裝時期以及後裝時期，並介紹了在各個時期能夠提供服務的系統整合商的產品和服務。

第四章"智慧健康產業"，利用物聯網裝置，強化健康預防、醫療、復健與照顧，透過生理資料的監控，透過大數據分析，可以處理疾病的早期治療。有了便利的物聯網醫療器材，醫護人員除了方便之外，更可以更精確的診斷與餵藥、打針處理，這就是智慧健康。

第五章"商機"，介紹了在物聯網時代，台灣廠商可以考慮使用的商業模式以及在經營層面上所需要做的風險管理。商業模式上贏的策略是創造客戶的價值，讓自己的東西與眾不同，不能只是銷售價值低的硬體產品，而是需要提供整套的解決方案給客戶。

在附錄章節裏，作者把物聯網所使用到的各種技術標準予以詳列及說明，讓平時沒有機會接觸到技術層面的讀者可以快速的獲取技術資料和資料內容的詳細說明。

物聯網只是一個概念性的通稱，包含了各種不同的技術與各種不同的應用，但也因為如此，想要弄懂它也不是一蹴可及的。本書作者裴老師以多年的教學經驗以深入簡出的方式，從物聯網的發展過程說起，詳細的介紹了物聯網的多種應用，並且針對台灣廠商最有機會的智慧家居，穿戴式裝置，智慧健康以及可能的商業模式做了淋漓盡致的介紹。對於想進一步了解那些是可應用到物聯網的技術的讀者，裴老師也把這些技術整埋在附錄中，方便大家了解和參考。本書內容對讀者來說，無論原本對物聯網的了解到什麼層次，都可以由本書中得到想要的知識，是一本介紹物聯網產業與產品的精彩好書。

郭明仁

神達電腦 MBG 副總經理

　　自 2003 年起，小弟開始接觸智慧型紡織品（smart textiles），對於電子與紡織的結合，充滿著無限想像空間。總是不斷思考，纖維是否可取代或融入傳統電子元件，使纖維或織物具備資訊傳遞、環境感知、發光發熱及能源產生，甚至布料與衣服間可互動通訊。近年來，隨著導電纖維與微電子通訊科技進步，見證夢想逐步實現，智慧型紡織品元件與模組逐漸成熟並推動智慧衣產業，進而露出曙光。

　　余 任職於紡織產業綜合研究所 16 餘年，長期深耕智慧型紡織品技術與專利，雖累計多篇技術專利，更期望自己能為台灣企業轉型與國際化，盡上微薄之力。近期，智慧衣議題夯，追究其因，除了國外品牌大廠如：Nike、Adidas、Under Armour、VF... 等的重視，引發市場拉力外，物聯網科技的技術推力，也帶動全球穿戴科技產業高潮。如本書所述，在不久的將來，穿戴科技與物聯網將深深影響人類生活，未來生活將充滿各種想像與智慧。

　　小弟非常榮幸，受邀一同見證物聯網如何發展成足以改變世界的力量，有恆兄所編撰的「改變世界的力量 - 臺灣物聯網大商機」一書，猶如一本哆啦 A 夢時光機，以深入淺出的編撰方式，邀請讀者一起見證物聯網與穿戴科技的發展與崛起，更邀請讀者們共同見證物聯網在未來將如何撼動著我們的生活。

　　個人非常推薦，對物聯網與穿戴科技有興趣同好，可以多多品味此書的內涵。

沈乾龍

紡織產業綜合研究所　　　　　　　　　　　　系統開發組組長

作者序

　　1995 年我去了南加大念電腦工程碩士，主修人工智慧；1999 年，我進了甲尚科技，開始進入電腦視覺與虛擬實境的世界，還參與了當年的虛擬實境計畫 cWorldFun；2001 年底，我代表台灣大可大跟東元電機合作用手機遙控微波爐，也跟可口可樂合作用手機付費得到可樂，這都是因緣際會，讓我比別人都早接觸物聯網這個領域，而且，2002 年 7 月起，軟體出身的我，轉去硬體產業當專案／產品經理，於是現在剛好成了物聯網時代少數懂崁入式硬體、懂軟體、懂網路、懂雲運算、懂人工智慧又懂大數據的人。這都要謝謝甲尚、台灣大哥大跟神達電腦的長官的栽培，讓我在這一路上可以學習這些知識，而且在物聯網時代應用。

　　也是因為這樣，我在 2014 年底開始教授物聯網相關課程，感謝管理顧問公司的夥伴給我這些機會，讓我結合自己超過十五年的物聯網的經驗。但越研究與講課，我越發現台灣對物聯網的觀念不對，而在紅色供應鏈的強大取代下，台灣電子業的代工出現了問題。於是，我想透過別的方式，在紅色供應鏈大舉襲向台灣電子業的時候，幫台灣電子業走出這個困境，於是，我成立了臉書上的「i 聯網」社團及「智慧健康與醫療」社團。也在去年，這本書的第一版出版。因為科技的轉換太快，物聯網尤其是，很多之前推崇的公司或產品線，在這一年中發生了巨變，所以，趕快提出第二版。

　　物聯網的類別太多，並不是每一個都適用於中小企業發展的，我花了時間做很多的觀察與研究，最後，將結果寫在這本書上。其實台灣過去長期以代工與硬體思維為主，不敢做突破式與破壞式創新，與消費者距離太遠，當整個價值轉換的時候，才會手忙腳亂，也因為太努力在效率與成本降低上，忽略了消費者價值，在這個時候才會找不到準頭，不知道什麼樣的產品能賺錢。尤其中國大陸業者的崛起，他們有大的市場，固定成本攤提到很低，硬體材料的成本跟著也低，每台設備軟體的使用費用更談到很低；最後，中國大陸對於國家重點產業，是會補貼的。我在當產品經理時，常發現台灣業者的成本比中國大陸業者的售價還貴，而且跟他們比成本低，其實是天方夜譚。唯有像歐美一樣以終端客戶價值為本，以建立難以突破的物聯網系統與專利為用，才有機會，而這本書，就是為了讓大家知道這件事。

　　台灣電子業過去太習慣往利益最大，但競爭對手最多的產品區隔擠，開口閉口都是 CP 值，但是跟同文同種的紅色供應鏈，用只求大單和比低利的心態怎麼可能走得出來活路呢？尤其中國大陸設定了「互聯網＋」、「中國製造 2025」和「一帶一路」的十三五大方向。台灣電子業接下來必須要很努力，才能找出活路，而經過長期觀察，我看出了活路的方向，所以一定要分享出來，才對得起這塊養育我的土地。

　　每次對學生講課，學生都告訴我管理者的心態最難改，我也明白如此。尤其管理者很難接受，過去成功的方式卻是今日害死自己的元凶。但如果沒有努力過，怎麼對得起自己呢？

　　真心希望透過這本書的傳播，讓台灣電子業能在物聯網時代走出一條活路來。當然，我也會透過我的課程，釐清台灣的電子業的觀念，像個傳教士一般，告訴大家我悟出來的這些方式。而我現在在工研院的物聯網課程，更是告訴學員整個物聯網系統該如何架設，這個系統不是單一產品，有他的相關架構要考量，而要在這次的大浪潮中賺錢，要有不同的心態。這些在書中也都有提到，希望能因此讓讀者明白物聯網的商機所在，不要沉浸在過去的代工模式的榮光了。

　　台灣加油，大家加油！

裴有恆

物聯網顧問與臉書社團「i 聯網」、「智慧健康與醫療」創辦人

＊本書很多圖片是從網路上下載的，版權均屬於原來的作者，謝謝他們的圖片，可以幫助讀者更能瞭解內容。

「黑天鵝歷史會不會重演？而誰又會是下一個 Steven Jobs?」

2007 年 iPhone 第一代電容觸控式手機問世時，當時全世界還以按鍵式手機為主，而 Nokia、Motorola、Sony 等手機大廠牌，也以按鍵式的操作形態為重心，對於 Apple 公司的創舉 -iPhone，抱著觀望的心態看著。在那當下，沒有人明確知道 iPhone 手機是否會成功、或是引發什麼效應；而在 iPhone 商業生態發酵了一年後，2008 年秋天發生了無預警的金融海嘯，多數電子產業一片哀嚎，唯有 iPhone 不懼環境衝擊，更打出了亮眼的銷售成績，站穩了手機市場一席地位，被譽為「黑天鵝事件」；從此，觸控手機的樣貌成為新主流，新操作形式的歷史開始改寫，讓大家印象深刻。

這個讓人措手不及的變化引起了大家去探討「iPhone 這項產品為何會成功？」，追究它背後的種種原因，我們得知 Apple 公司 CEO - Steven Jobs 是主要的靈魂人物，他將面板、軟體、網路等相關技術做一個協調性整合，並且置入到工藝精湛的金屬手機殼裡；軟體部份也打造了一個 APP 生態圈，讓手機的功能更多樣化，將桌機的圖文訊息轉移到手機、又同時幾乎取代低階相機功能、提供 iTunes 音樂下載平台…等，多方面技術上的應用與創新，增添了「非買 iPhone 不可」的吸引力。

綜觀略述 iPhone 成功的因素，Apple 公司在外觀和硬體上，打造一個高品質、高科技的「iPhone 精品手機」，此外，保護殼套、電源器、藍芽耳機等配件商機也相應而生，讓 Apple 公司不只賺取手機本身的利潤，日後還持續賺取消費者購買配件的授權金；而 Apple 公司在 APP 軟體生態圈的商業模式，則是一手收取創造者的認證費用、另一手則伸向消費者，獲取購買軟體的通路費；以硬體與軟體商業模式來看，Apple 公司「軟硬體通吃」，因此有絕對的理由佔據市場。

　　鏡頭再拉到 2012 年，Google 研發團隊發表了 Google Glass 產品，以嶄新的智慧眼鏡形式，改變了人收發訊息的形式，企圖取代手機市場，拉開了新章節的序幕；不免借鏡前人的經驗，Google Glass 的商業模式局部效仿了 iPhone 商業模式：創造自己的硬體配件（多種鏡框可以選擇）、開放軟體研發平台（提供給更多需求者自行研發用途）；當下，似乎在預告市場，Google 公司即將再次畫下電子產品新局面，而這次許多電子業龍頭也記取教訓，紛紛向前追趕，開發類似的智慧眼鏡、或是智慧頭盔，相爭跨入未知的藍海；然而這樣創新的產品，隨著時間的沉澱，有了階段性的答案：Google 公司在 2017 夏天，宣佈往後 Google Glass 只販售給企業公司作為專業用途，不販售給一般消費大眾作為隨身攜帶的電子，間接宣告智慧眼鏡取代手機的策略失敗。另外，這段故事還透露了一個局面：智慧眼鏡或是頭盔等相關產品處於發展期，需要更多時間醞釀軟硬體、釐清需求意義，營造一個更成熟的生態系統圈，「非買不可」的剛性需求才能更加明確。

　　時間飛逝，從 Google Glass 發表至今，轉眼五年多了，這段期間關於視覺類的新技術、產品、生態，逐一在舞台上登場亮相，包括電影也推出「Ready Player One」，探討 VR（虛擬實境技術）未來如何影響我們的生活世界；這個時代，人們都在心中默默關注著：「接下來的世界會是什麼樣子？」；而這本書介紹了裴有恆老師探討的物聯網專題，做為描述未來面貌的主架構，還截取了視覺相關的代表性產品，綜合以上這麼多的電子知識資訊，望各位讀者可更完整地略知這時代趨勢與生態發展，預想未來產業的變化，從中獲得更多幫助。

　　最後，我很感謝裴有恆老師的提拔，邀請我一起聯合出書，將自己的經驗與解讀貢獻予讀者，為台灣的電子產業一起加油。

2017 年秋 陳冠伶 序

目錄
CONTENTS

CHAPTER 3

131 智慧家居產業

CHAPTER 4

189 智慧健康產業

附錄

261　從物聯網架構看技術

什麼是物聯網

1.1 物聯網的趨勢

自從西元 1946 年美國陸軍發明了第一代真空管電腦 ENIAC（圖 1.1）後，所佔空間有一整個房間這麼大，隨著歲月演進，智慧化裝置有越來越小的趨勢：由半導體設備遵循摩爾定律（積體電路可容納的電晶體數目，每隔 18 個月會增加一倍），智慧化裝置隨著年月遞增，進入了更小且更快的循環：

1. 西元 1964 年 IBM 做出了第一台著名的 System ／ 360 大電腦（約有一面牆這麼大）。

2. 西元 1965 年 Digital 做出了第一台迷你電腦（約有一個衣櫃這麼大）。

3. 西元 1977 年賈伯斯跟沃茲尼克做出了 Apple II。

4. 西元 1981 年 IBM 做出了 IBM PC 第一代，開啟了個人電腦的世紀。

5. 西元 1985 年 Toshiba 做出了第一台筆記型電腦，開啟了電腦隨身攜帶的紀元。

而在上個世紀 90 年代起，手機無線通訊和網際網路開始盛行，能夠聯網的裝置也因此越來越盛行了，尤其西元 2003 年比爾蓋茲提出智慧家庭的概念，而他也身體力行，讓他的西雅圖的住居變成了最智慧化的房子。

圖 1.1：第一代大電腦 ENIAC 的兩片

來源：Wikipedia CC 授權　作者：Magnus Manske

　　隨著聯網智慧裝置的體積變小，物聯網裝置到現在已經是影響生活各個層面了，包含穿戴、家居、汽車、醫療、建築、城市、工業、農業，甚至軍事。

1.2　物聯網的緣起

　　物聯網這個概念，最早出自西元 1995 年比爾蓋茲的未來之路（THE ROAD AHEAD），書中提到物品將聯網的概念。西元 1999 年 Auto-ID 公司以 RFID 的技術提出了物聯網的概念，這是第一次完整提出「物聯網」；而國際電信聯盟於西元 2005 年正式提出物聯網概念。

物聯網技術，中美日都很重視，列為國家級計劃：日本在西元 2003 年提倡「無所不在網路的研究計畫」。美國在西元 2008 年，總統歐巴馬提倡「物聯網振興經濟戰略」。而中國大陸更是將「感知中國」設定為目標，並完整制定物聯網相關科技統一規格，後來在西元 2015 年提出「互聯網＋」為國家重要戰略之一，在十三五計畫中正式納入；而「互聯網＋」包含互聯網（台灣稱之網際網路）、雲計算（台灣叫做雲運算）、大數據與物聯網，可見物聯網對中國大陸的重要性，現在更進展到跟人工智慧結合。

1.3 物聯網的架構

大家可能覺得物聯網是很先進而神奇的東西，其實物聯網的系統架構跟哺乳類動物的神經與大腦系統是類似的：哺乳類動物有視覺、聽覺、嗅覺、味覺與觸覺五種感覺，比如說，當小狗不小心踩到石頭，腳掌就會有痛的感覺，這個感覺透過腿部神經傳到脊髓，首先會有脊髓反射的即時命令，讓小狗把腳立刻收回來，接下來命令透過神經再傳到大腦，大腦做出判斷，要求小狗去舔腳掌，讓疼痛減輕。

物聯網分為三層：感測層、網路層、應用層。物聯網系統在感測層，透過各種感測器，可以測量我們想要測量的對象（氣體、壓力、影像…等等，就像哺乳類動物的感覺系統會感覺到），然後將這樣的測量結果透過地區性有線或無線網路傳到下一階段的閘道器，做第一階段的簡單處理（這就像哺乳類動物的脊髓的反射系統）。同時把這樣的訊息透過有線與無線網路傳到雲伺服器上，把這樣的訊息儲存並

處理與應用（這就像哺乳類動物透過神經把這樣的感覺存在大腦記憶中並做出對應的反應）。

以現在在高速公路常見到的監視器為例，這些器材現在會針對規劃範圍做攝影，攝影的結果會透過網路傳到伺服器上，把它存下來，如果發生重大車禍與塞車事件，可以立刻處理。

物聯網的架構現在有好幾種說法[1]，但是各種說法都一定包含這基本的三層架構（圖 1.2）。

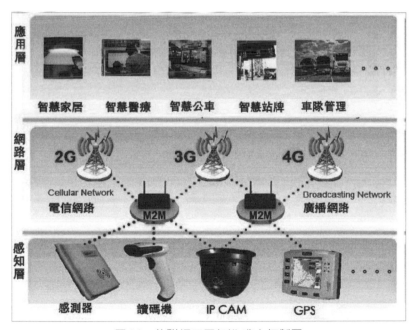

圖 1.2：物聯網三層架構 裴有恆製圖

---

[1]　現在另外有很多種說：工研院 IEK 把這架構擴充成「端、網、雲、服務／應用」四層，但是強調端、雲、應用／服務三大主軸，還有一種說法是在最底下增加一個實體層。

1.4 國際三大標準組織

物聯網這麼夯，當然世界各大組織都會想搶著訂標準，目前有三大標準組織：

首先，歐盟就把物聯網列為重要計畫：歐盟物聯網專案計畫[2]，歐盟也特別成立了針對物聯網架構制定的組織 IOT-A，由歐盟各大公司團體參與。

第二個組織是 GS1 ／ EPCglobal 組織，RFID 一開始源自 MIT，後來成立這個組織，MIT 也把 RFID 相關事項直接交給這個組織繼續運行商業上有關的事項。

既然物聯網需要國際標準，就不得不談到這個組織：ISO（International Standard Organization），也就是我們的第三個組織，ISO 針對「無線射頻」（Radio Frequency）、「自動識別與資料擷取」、「無線射頻位置符合性」、「自動識別與資料擷取」、「即時定位系統」都有詳細的對應規格文件。

由三大國際組織都想訂定物聯網的標準主導這個趨勢，可見物聯網對世界的重要性。

---

2 首頁 http://www.internet-of-things-research.eu/

1.5　物聯網應用的分類與現狀

　　物聯網的最終目標是萬物都會聯網，針對目前最常應用的各個類別，一一說明如下：

1. 智慧家居：就是家居裡所有的設備，舉凡家用電器、廚具、家裡的門窗、家飾、家裡的電燈、音響、門口的對講機、安全防衛的保全系統…等等，都可以連上網，可以在遠端觀看家裡的情形，遙控家裡的電器。現在在美國最熱門的方式是透過聲音對人工智慧語音助理下命令，來做直覺式即時控制。

　　在台灣我們常常在電視上看到「中保無限＋」的廣告，透過中保無限＋的系統，我們可以知道家中長輩的健康狀況，可以知道小孩是否已經安全回家，更可以遙控家裡的電器（圖1.3）。

圖1.3：中保無限＋系統，來源：中保無限＋官網

自從 Amazon Echo 以智慧語音助理推出之後在北美造成轟動，
現在智慧家居是物聯網最受關注的類別。

2. 穿戴式裝置：舉凡所有穿戴式的東西，像帽子、頭盔、眼鏡、耳
環、耳機、刺青貼紙、衣服、圍巾、手錶、手環、戒指、皮帶、
褲子、襪子、鞋墊、鞋子⋯等等都可以智慧化。現在全世界賣得
最多的物聯網裝置，就是穿戴式裝置，而其中賣得最好的就是手
錶與手環，全世界到 2017 年止累計出貨預計將總共超過一億支。

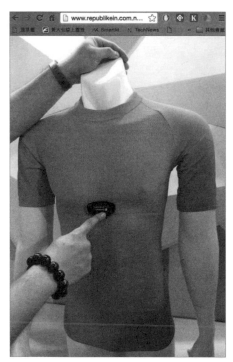

圖 1.4：台灣紡織綜合研究所研發之智慧衣

取自網路 http://www.republikein.com.na/sites/
default/files/14/06/06//tech110506.jpg

3. 車聯網：汽車透過 3G、4G 連上網際網路的相關應用。自從 Google 推出無人駕駛車，特斯拉推出有限度的自動駕駛，在 2015 年的 CES 和 MWC 展覽 [3]，這個類別受到了最多關注。在台灣因為大都是日本、美國、歐洲品牌的車，很少台灣自己的品牌，這個部分相對不容易發展起來，所以在 2015 ～ 2017 年的 Computex 只有看到有較少的台灣的廠商針對這個部分展覽。另外無人車現在雖然各大廠在車子本身的技術很不錯，但是因為環境沒能做到 V2V（車子對車子的通訊）、V2I（車子對公共設施的通訊），現在無人車在路上要能 100% 安全，其實是有問題的。如果這兩項能建置好，我們開的車會透過 V2I 知道現在路口紅綠燈以及道路狀況（如修馬路、車禍處理、塞車等等），透過 V2V 了解附近其他車了的真正動態，而可以採取對應動作，這樣交通事故率可以大為降低。目前各家汽車大廠宣告生產第一台自動駕駛車的時間大都集中在西元 2020 年左右。

4. 智慧電網：智慧電表把家裡的用電量報給智慧電網的中樞，智慧電網就知道家裡對電的需求，不會送過多的電過來，加上大數據的結合，更會知道用電習性，做正確的送電預測，而且可以結合智慧家居，由智慧家庭產品直接告訴智慧電表用多少電，而如果建築物本身有綠能發電（太陽能、風力發電、地熱發電、沼氣發電），甚至可以發電不夠量的再跟智慧電網要，多發的電量可以賣給電力公司。而透過了解用電的狀況，可以做適當的節電規

---

[3] CES 是世界有名的消費性電子展，在美國舉行。MWC 是移動世界大會，是通訊界的大事，這兩個現在都是有名的電子大展。

劃！現在台灣的台電雖然進度緩慢，但是已經在澎湖開始實驗。
另外，德國西門子離岸風機亞太總部落腳台灣，而且前行政院長
林全，更決定對智慧電表的積極導入，台灣的智慧電網發展現在
有了不錯的開始。

圖 1.5：智慧建築趨勢：移動性、省能源…等等

取自網路 https://blogs.bsria.co.uk/2013/06/21/
point-of-no-return-for-smart-buildings/

5. 智慧健康：就是個人健康的監控與照顧，還有醫療院所的智慧
   化。個人健康的監控與照顧像利用穿戴式裝置或其他醫療器材，
   做好遠端生理狀況監控，搭配醫療專家的解讀，預防疾病或治療

疾病於初期。而醫療院所的智慧化可以透過 APP 掛號、電子病歷，智慧醫療推車，智慧病床、和遠距醫療…等等讓醫療更便利的措施，更有讓病人穿上特製的智慧衣，就可以針對病人的身體狀況，做好醫療與復健。現在台灣各大醫院很積極的導入智慧醫療的部分。

6. 智慧建築：建築物在建築的時候，就按照預備鋪設的物聯網裝置的所需佈好線路，而整個建築也考慮綠色能源的設計。

7. 智慧城市：透過政府電子化，到處可以連上公共免費網路（如 iTaiwan）、偵測空氣品質、氣候、溫度，交通路口有攝影機監視治安，可隨時查詢大眾運輸狀況，及做好交通管理…等等，台灣現在台北市、新北市、桃園市、新竹市、台中市、彰化縣、台東縣、台南市、高雄市、屏東縣…等等都很積極的投入智慧城市的建設。

8. 智慧零售：零售業透過影像辨識搭配電子發票與 POS 系統，了解買東西的客戶的年齡、性別，搭配 Wi-Fi 或 Beacon 對智慧型手機的定位知道客戶在哪個攤位逗留最久，移動路線，另外還有使用電子支付來取代信用卡或現金的訂餐或買東西的服務。中國的萬達商場甚至在車子進出停車場時，用影像辨識記住車號，客戶就可以很輕易地利用 APP 找到當初停車的位置。也就是說，這是讓客戶購物的整個過程，能夠被零售商掌握，也提供客戶最方便的體驗。台灣很多商圈也開始導入 Beacon 定位等智慧零售功能，像資策會與聯經數位合作，在台北市三個商圈嘗試導入

Beacon 建立智慧商圈，提供民眾新的消費體驗。民眾只要下載 APP 就能憑手機瀏覽店家優惠，根據指引前往消費。

9. 智慧旅遊：旅遊時可以利用手機訂票，訂房間，透過電子支付直接付款，到旅遊景點 APP 自動導遊，透過臉部辨識與 Wi-Fi 定位掌握客戶的行蹤，以做園區最好的規劃。甚至可以透過虛擬實境和擴充實境增加消費者的體驗。

10. 智慧工業：現在台灣力推生產力 4.0，中國大陸力推中國製造 2025，其實骨子裡都是學德國的工業 4.0，也就是物聯網的智慧工業，這是透過物聯網＋大數據，結合虛實整合系統（Cyber-physical system），再加上智慧製造的機器與工業機器人，讓整個工廠可以智慧起來：以產品為中心取代以產線為中心，達成多樣少量彈性生產的目的，以符合少子化缺工趨勢，與消費者希望自己買的東西能夠個性化的趨勢。現在台灣很多廠商投入這塊，像是研華電子有中控的 Web Access 系統與工業機器人子公司，華苓科技以 Connesia 系統平台切入。

11. 智慧農業：透過溫度、濕度、風速、壓力等等感測器，感測農業環境的狀況，做出對應的處理，加上使用農業機器人協助農作，或是在室內的植物工廠使用 LED 取代陽光來種植，目前兩岸都視這項為重點，中國大陸更有青海試驗農業園區。

12. 智慧學校：透過平板，電子白板，讓老師可以跟學生互動，還可以搭配翻轉是學習，讓學生到學校前就可以先預習，到學校時直接跟老師互動和問問題，老師更可以依學生記錄下的數據因材施教。

13. 智慧辦公室：透過遙控攝影機、智慧燈光…等等設備了解辦公室的狀況，適時節省電力，透過遠端視訊與電子白板同步會議狀況。智慧辦公室現在在文獻上沒有獨立類別，都是跟智慧家庭、智慧建築或是智慧城市整合。

14. 智慧軍事：之前在物聯網上，美國一直是軍事工業領先民間工業。像是飛機或直升機駕駛員所戴的頭盔，都有虛擬實境顯示現在飛行狀況的功能。但是因為美國民間做其他穿戴式裝置與機器人的能力也很不錯，所以美國軍方已經開始跟民間合作訂製各種需要的物聯網裝置；不過海峽兩岸目前這塊都還很原始。

15. 機器人：機器人是各種物聯網類別都可能應用到的。現在的機器人可以應用在智慧家居的管理員、陪伴年長者、工廠工作、農田耕作，充當飯店與餐廳服務員、精準醫療…等等。無人駕駛車、飛在天空上運送物品或空拍的無人機，其實也是機器人的一種。現在的機器人透過越來越發達的人工智慧與雲端運算，已經可以做到很多事情。例如日本軟體銀行最近販賣的機器人 Pepper（圖 1.6），會在軟銀的門市中跟客人互動應答，講冷笑話，同時觀察客戶的反應，如果講的冷笑話客戶反應不佳，這台 Pepper 會把這個反應上傳到雲伺服器，之後其他的 Pepper 在對談時，就可以避開這些冷笑話。

圖 1.6：第一個會了解人類情緒的機器人 Pepper

來源：Wikipedia CC 授權

物聯網在分類方面說法很多，另外還有像智慧物流、智慧交通、智慧環保、智慧安防，和智慧飯店的各種分類：智慧物流的內容會分別展現在智慧零售和智慧工業，智慧交通（不含車聯網）跟智慧環保會包含在智慧城市，智慧安防會分別在智慧家居和智慧城市中應用，另外，智慧飯店會包含在智慧旅遊中，我這邊就不再另外提了。

1.6　物聯網裝置在未來一定會普及的原因

根據馬斯洛的人類需求五層次理論（圖 1.7），人類需要滿足安全、社交與自我實現的需求，而物聯網的裝置可以協助人們滿足安全與自我實現兩大需求。透過車聯網的先進輔助駕駛系統、智慧家居的安全防禦、穿戴式裝置與智慧健康的健康偵測、防護、治療與復健，可以讓生活更安全，滿足人們的安全需求。透過穿戴裝置的時尚與美觀，智慧車、智慧家居…等等的方便，可以滿足人類的自我實現需求，相信在未來成本下降後，一定會越來越普及的。

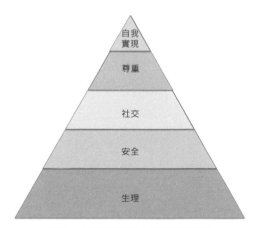

圖 1.7：馬斯洛的人類五層需求

1.7 物聯網裝置在台灣中小企業相對有機會的類別

據 Gartner 預測，物聯網到西元 2020 年將會有超過 208 億個裝置，其中佔最大部分的將會是智慧家庭的部分，而穿戴式裝置，就如之前所說，是現在最被消費者接受也銷量最大，不過門檻也較低的物聯網裝置，台灣因為醫療發達，智慧健康在業者與醫院的密切合作也發展快速，故本書將專注在這三種類別上，

穿戴式裝置產業

2.1 漫談穿戴式裝置產業

自古以來，穿戴的東西就代表著人類的喜好與個人表徵，這種現象從古時候的人們喜歡在身上穿金戴玉，念佛的人手上一定不忘有串佛珠便可窺其端倪。而穿戴的衣物更是象徵了人們的品味，在每次金馬獎及金鐘獎等頒獎典禮上，都可以看到每個走紅毯的女星展現她們的不凡穿著，這些穿戴的東西，常常代表著一個人的感性表徵，也可能是心中堅定不變的信仰：在未婚男女間，可能是定情之物，貼身穿戴著，代表著一種會時時惦念的盟約。而今，這些穿戴的裝置經過高科技的洗禮，將被賦予新的力量。

就如好萊塢的電影一直都代表人們對未來的想像：在電影《全民公敵》中，男主角的行蹤被 FBI 探員鎖定的原因，是他的西裝上衣被裝了 GPS 位置發報器，所以他到哪裡都被 FBI 探員追到。在《007》電影中，007 特工會脫下腳上的鞋子打電話；而在《鋼鐵人》裡，大家看到男主角只要穿上那身鋼鐵衣，就可以飛行，有強大武器及超乎常人的巨大力量，這些都是未來穿戴式裝置的應用。接下來的日子，在我們生活中只會越來越多這類想像的實現。

只要是可穿戴的東西就能歸類在穿戴式裝置上，此類別產品相當多采多姿，頭上的有帽子、頭盔、眼鏡、耳機、耳環；身上的有項鍊、衣服、褲子、手套、手錶、手環、皮帶、戒指；腳底的有襪子、鞋子、鞋墊…等，甚至有廠商發明了貼片式的穿戴式裝置，到時要量測時，就是貼哪裡量哪裡。

　　這樣的裝置，也因為跟人們生活息息相關，外型時尚和功能應用就成了現代人們最重視的兩個方向，也造成了穿戴式裝置在外型上必須加入很強的時尚設計感，同時對應人們想要的特殊功能。

　　手錶誕生後，手機蓬勃發展前，人們都習慣透過觀看手錶知道正確時間，利用手錶掌握時間成了人們買錶的潛在動機。手戴名錶更是身份地位的象徵，這也讓瑞士的鐘錶王國在世界上擁有盛名。而在穿戴式裝置的手錶、手環盛行的 2015 年，瑞士名錶的出貨量大降。到底穿戴式裝置有什麼魅力，嚴重影響了瑞士名錶的出貨量呢？

　　另外，繼 Nike 之後，世界第二大運動用品公司 Under Armour 最近決定全面進攻穿戴裝置，花大錢投資社群並買下好幾家相關企業，引起了業界的很大震撼。加上 Google、Apple、三星（Samsung）、英特爾（Intel）、新力（Sony）、華為、小米、宏碁、華碩…等大廠全面出擊，整個產業非常熱鬧。

圖 2.1：調查人們對穿戴裝置喜好的位置

取自網路 http://researchindustryvoices.com/2013/10/11/survey-finds-the-world-is-ready-for-wearable-tech/

2.2　穿戴式裝置的歷史

　　穿戴裝置對人類是非常重要的，有保暖、裝飾等功能，而手錶除了是人類掌握時間的重要工具，更可以顯示擁有人的身份地位。

　　談起穿戴式裝置，可從 1945 年美國科學家萬尼瓦爾・布希（Vannevar Bush，原子彈研發製造工程師）說起。他曾預想未來機器的多樣性，其中一項就是透過機器運算資料，讓人類能夠有效率地吸收全世界的訊息或知識，於是他設想將一個照相機放在使用者頭上，使用者可以透過鏡頭拍下所處的環境與行動，就能將這些資訊儲存下來（圖 2.2）。

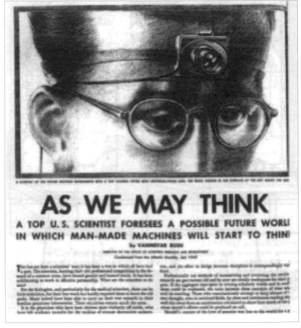

圖 2.2：萬尼瓦爾・布希的穿戴式裝置概念圖

取自網路 http://www.ohio.edu/people/jp432611/AsWeMayThink.html

　　第一台穿戴式電腦，是愛德華 · 索普（Edward · Oakley · Thorp）
針對他對增加賭輪盤勝率的想法，與克勞德 · 夏農（Claude
Shannon）合作在 1961 年製做的一台以 12 個電晶體製成，約香煙
大小的裝置。他戴著這樣的裝置藏在身上去賭場賭博，以確定是否可
以增加賭贏的機率（圖 2.3）。

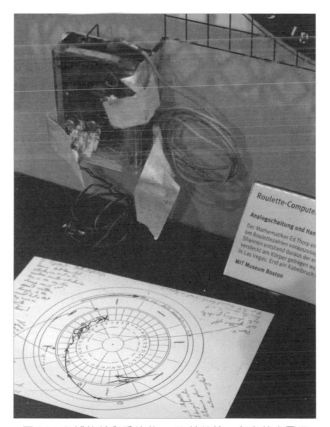

圖 2.3：在博物館內愛德華 · 索普的第一台穿戴式電腦

取自網路 http://www.engadget.com/2013/09/18/
edward-thorp-father-of-wearable-computing/

1968 年，美國電腦科學家與網際網路先驅伊凡・蘇澤蘭（Ivan Sutherland），把他在麻省理工做的幾何畫版技術加入頭戴裝置，利用數位圖像演算技術，他實現即時人機互動的概念，創造了第一個虛擬現實的頭戴式顯示器系統「達摩克利斯之劍」（The Sword of Damocles），一般認為是現在人機互動裝置最早的原型（圖 2.4）。

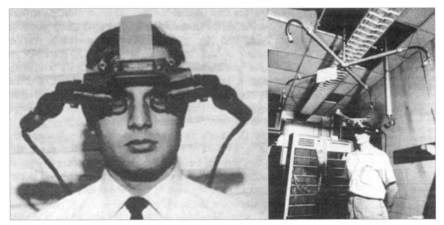

圖 2.4：頭戴顯示器系統達摩克利斯之劍

取自網路 https://technosavvyletters.wordpress.com/tag/sword-of-damocles/

同年，當代工藝在紐約市博物館舉辦了名叫 Body Covering 的展覽，展示了太空人的太空裝，可以充氣、放氣、亮起光、加熱、冷卻衣服本身。這是最早用電子操控的智慧紡織品。

1972 年，美國的漢米爾頓鐘錶公司（Hamilton Watch Company）發表了第一款可計算手錶「Pulsar」（後來此款式單獨成為一個品牌，在 1978 年被精工收購），1982 年精工（SEIKO）也生產了

「Pulsar NL C01」，是第一台可儲存 24 個數字，使用者可編寫記憶體的手錶（圖 2.5）。

圖 2.5：第一支 **LED** 可計算手錶 **Pulsar**

來源：Wikipedia CC 授權 作者：Alison Cassidy

1972 至 76 年間，基司・塔夫（Keith Taft）為了明確計算與預測 21 點撲克牌遊戲的出牌率，將機率理論更具體化，設計了一套穿戴式裝置「David」：這套系統綁在腰間接收鞋底裝置的按鍵訊息，且在眼鏡上裝上 LED 燈，用 LED 的閃燈跟夥伴溝通，用這樣的工具在

賭場製造贏面。人機界面的三大功能：輸入指令、主機運算、傳導訊息成功的在這套裝置上實現。

1982 年精工發表了「SEIKO TV Watch DXA001」，錶面的液晶螢幕僅僅只有 1.2 吋，是史上最早最小的攜帶型穿戴式數位電視（圖 2.6）。

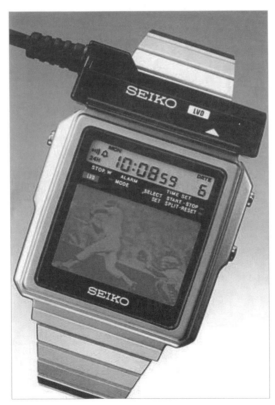

圖 2.6：**SEIKO TV Watch**

取自網路 http://www.retrothing.com/2006/04/stretching_the_.html

在西方被稱為穿戴式計算設備之父的多倫多大學教授史帝夫‧曼（Steve Mann），利用電腦跟眼鏡的結合，從 1982 年開始，陸續製作出一系列的穿戴式智慧眼鏡，後來還有通信與擴增實境的功能，比 Google Glass 早了很多年（圖 2.7）。

圖 2.7：史帝夫‧曼的智慧型眼鏡

資料來源：Wikipedia CC 授權 作者：AngelineStewart

1985 年 Harry Wainwright 創造了第一件動畫運動衫，由光纖、導線、微處理器構成，在服裝上展現全彩動畫。

到了 1992 年 CamNet 網路企業發展出遠端傳輸溝通的智慧眼鏡，讓遠距醫療成為可能，醫生可以在家即時問診、判斷症狀和諮詢慢性病治療。技術原理是利用頭戴攝影鏡頭將畫面用網路傳輸到遠方機台，同時由遠端傳送影音到裝置上。

1995 年，精工發表了「Seiko Message Watch」，可透過 FM 頻道接收天氣預報、股市等訊息（圖 2.8）。

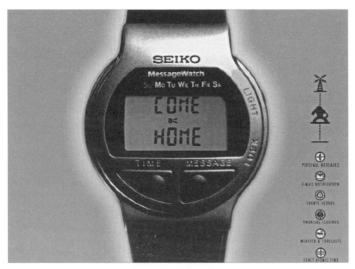

圖 2.8：**Seiko Message Watch**

取自網路 http://www.askmen.com/entertainment/guy_gear/
smartwatches-before-the-apple-watch.html

　　1997 年 Micro Optical 公司員工馬克 · 史皮徹（Mark Spitzer）
利用光學眼鏡作為顯示器，並將所有零件放在左邊眼鏡框架上，製作
出具備 9 度視野及 320x240 解析度，後來，他被延攬進入 Google，
擔任 Google Glass 研發與生產計畫的營運總監，因此 Google Glass
也使用類似的光學配置。

　　1998 年，芬蘭的 Clothing+ 發展出第一件心率監控的衣著，這是
第一件針對健康偵測的智慧衣。

　　1999 年，亮眼（Liteye）系統公司開發出軍用的頭戴顯示器
「Liteye-300」，目的是監視敵情使用，此裝置顯示器具備 800x600
解析度，可在太陽光環境下保持清晰顯示，視野寬度也有 48 度
（圖 2.9）。

圖 2.9：Liteye-300

取自網路 http://www.aerospaceonline.com/doc/liteye-300-0001

　　同年，Xybernaut 公司開發了屬於工業專用的身體穿戴裝置「MA-IV」，具有 Windows 作業系統，有喇叭發聲，可進行語音溝通（圖 2.10）。

圖 2.10：Xybernaut「MA-IV」

　　2000 年時，Triplett 研發了「VisualEYEzer 3250 Multimeter」
這款給電工使用的裝置，可以讓執行檢測的工人一邊檢測一邊看到現
狀，以確保工作安全。電工可用一隻手操作兩個探測器，另一隻手調
整電路或處理 LED 顯示資訊。此裝置使用食用級彈性皮帶固定在頭
上，還可加戴在工程安全帽上，搭配的運算設備則是繫在腰間
（圖 2.11）。

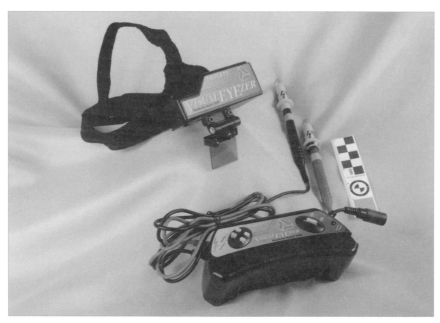

圖 2.11：**VisualEYEzer 3250 Multimeter**

取自網路 http://wcc.gatech.edu/exhibition

2000 年，Levis 跟飛利浦（Philips）合作了 Levis ICD+ 夾克，第一件商業化的穿戴式紡織品問世，透過一個可移動的線束連接便攜式設備，透過中間控制模組來控制這些便攜式設備（圖 2.12）。

圖 2.12：**Philips ／ Levis ICD+**

取自網路 http://www.vhmdesignfutures.com/project/192/

　　2001 年，VivoMetrics 發表了 LifeShirt 系統，專門為偵測病人的心臟功能，姿勢和身體活動，並具備日記功能來記錄患者經歷（圖 2.13）。

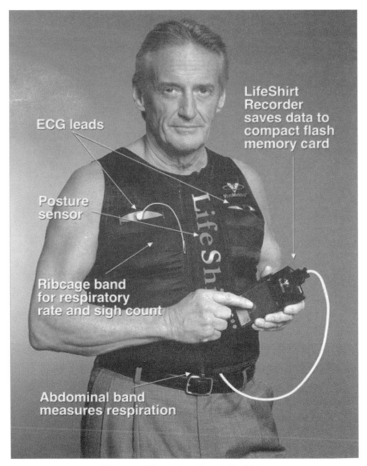

圖 2.13：**VivoMetrics LifeShirt**

取自網路：http://www.virtualworldlets.net/Shop/
ProductsDisplay/VRInterface.php?ID=49

2002 年，Fossil 發表了第一隻穿戴式手錶的 PDA 的 Fossil Wrist PDA，使用當時最流行的 Palm 作業系統，黑白螢幕解析度 160x160，使用紅外線做數據傳輸（圖 2.14）。

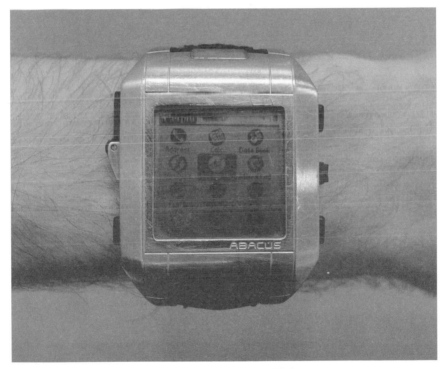

圖 2.14：**Fossil Wrist PDA**

資料來源：Wikipedia CC 授權 作者：Danski14

　　2003 年，Garmin 針對專業運動人士市場，發表了「Forerunner 101」跟「Forerunner 201」兩支黑白螢幕的液晶及 GPS 定位功能的手錶，從此 Garmin 便陸續推出一系列穿戴式手錶與手環裝置（圖 2.15）。

圖 2.15：Garmin Forerunner 101

資料來源：Wikipedia CC 授權　作者：Matti Blume

　　同年，Burton 跟蘋果（Apple）合作，發表了 Burton Amp 夾克，
整合了 iPod 的控制系統，消費者可以透過夾克的袖子直接控制音樂
播放（圖 2.16）。

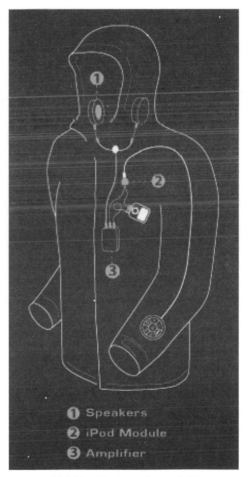

圖 2.16：**Burton Amp** 夾克

取自網路 http://www.talk2myshirt.com/blog/archives/3260

2006 年，Nike 跟 Apple 合作推出了 Nike+iPod，其中包括一個需要裝在鞋底的感應器，以及一個可跟 iPod Nano 結合的通信接受器。使用者運動後的資料可以立刻同步至 iPod Nano（圖 2.17）。

圖 2.17：**Nike+iPod**

資料來源：Wikipedia CC 授權　作者：Arthbkins

同年，愛迪達（Adidas）發表了「自適應鞋（Self-Adapting Shoes）」，可以感測表面狀況與跑步方式的變化，而因此對應調節腳跟緩衝量。

　　2007 年詹姆斯・朴（James Park）跟艾瑞克・佛里曼（Eric Frienman）兩人合作成立了 Fitbit 公司，他們在 2008 年 9 月 9 日舉行的 Crunch50 會議中發表了第一款產品「Fitbit Tracker」，一個利用類似 Wii 遙控器的三軸加速器來感測用戶的動作，並運用記錄下來的數據計算行走距離、消耗的卡路里、地板攀升和活動持續時間與強度，透過追蹤使用者是否有睡眠時躁動來量測睡眠品質，所有資訊會透過一個 OLED 顯示器顯示（圖 2.18）。

圖 2.18：**Fitbit Tracker**

資料來源：Wikipedia CC 授權 作者：Ashstar01

2008 年，Oakley 出了一款具備太陽能電池板的手提沙灘袋，可以直接幫手機或蘋果配件充電。

2009 年，Metallica 出了 Metallica M4 夾克，這件夾克具有控制面板、放大器及兩個喇叭。可以直接播放音樂。

同年，Zegna 出了 Ecotech 太陽能夾克，可幫你的手機或 MP3 充電。

台灣的蓋德科技（Guider）在 2008 年成立，2010 年推出台灣本土品牌第一款主動式 RFID 手錶，後來開始跟台灣的醫療院所合作，以年長者照護與個人健康為主軸發展（圖 2.19）。

圖 2.19：蓋德第一支具主動式 RFID 的手錶

來源：蓋德官網

　　1999 年成立的 Jawbone 公司，在 2011 年時推出第一支智慧手環「up」，可測試睡眠、運動、速度、卡路里、GPS 位置。Jawbone 的智慧手環產品，除科技外，也強調時尚造型（圖 2.20）。[4]

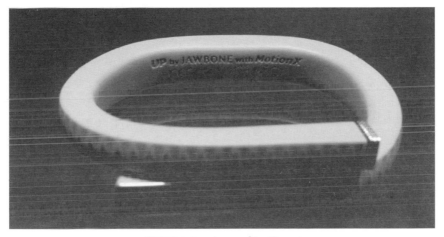

圖 2.20：**Jawbone Up Band**

資料來源：Wikipedia CC 授權作者：Arthbkins

　　2012 年台灣的神達電腦利用自己在美國的品牌 Magellan 在美國 CES 展（International Electronics Show，國際消費電子展）上，發表了針對健身市場具 GPS 功能的智慧手錶「Switch」及「Switch up」（圖 2.21）。

　　同年 SONY 發表了他的第一支智慧手錶「Smartwatch」，其特點為可與 Android 手機連接，並顯示 Twitter 及 Facebook 的訊息，具備 GPS 功能（圖 2.22）。

4　Jawbone 已經不再做一般穿戴式裝置。

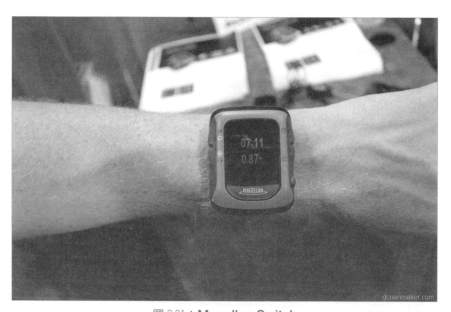

圖 2.21：**Magellan Switch**

取自網路 http://www.dcrainmaker.com/2012/01/
hands-on-look-at-magellan-switch-and.html

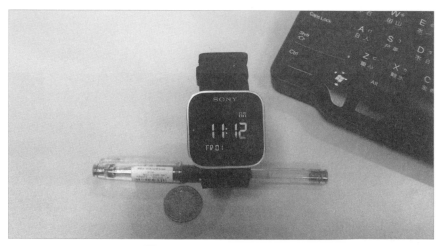

圖 2.22：**Sony SmartWatch**

資料來源：Wikipedia CC 授權　作者：Alexsh

　　同年「Pebble」智慧手錶在募資網站 Kickstarter 上的籌得了 1026
萬美元，遠高於原來的目標 10 萬美元，此款智慧手錶使用了電子紙
的技術，共有黑白紅橘灰五種顏色可供選擇。此外，也能與 Android
和 iOS 作業系統的智慧型手機直接整合，具備支援簡訊、應用程式訊
息到「Pebble」、中文來電顯示、手錶上接聽／掛斷／靜音，及查找
手錶及在「Pebble」跟手機連接狀態下遙控手機發出聲音等功能（圖
2.23）。[5]

圖 2.23：**Pebble Watch**

資料來源：Wikipedia CC 授權 作者：Pebble Technology

5　Pebble 於 2016 年賣給 Fitbit，品牌消失。

同年 Nike 發表了「Nike+ FuelBand」智慧錶帶，戴在手腕上，你只要設定好「每日運動目標」，手環就會自動記錄你運動的時間、卡路里、步伐，和 Nike 自行發明的一種叫做「NikeFuel」的運動評估指數。手環可以透過 USB 與「Nike+」以及「NIKE+ FuelBand」網站同步個人運動數據資料（圖 2.24）。

圖 2.24：**Nike+FuelBand**

資料來源：Wikipedia CC 授權　作者：Peter Parkes

同年 4 月 Google 發表了 Google Glass 眼鏡，第一支結合擴增實境與語音操控功能的連網穿戴式裝置問世。剛推出時廣受各界好評，但後來因為此款裝置能夠在他人不知情的狀況下進行攝影，引起很大的隱私權問題，現在已經下市（圖 2.25）。Google 認為這樣的眼鏡未來將能在專業市場上獲得成功，在 2017 年推出專業市場用版本。

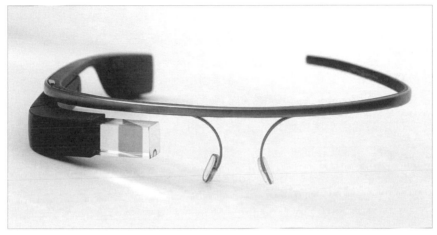

圖 2.25：Google Glass

資料來源：Wikipedia CC 授權　作者：Tim.Reckmann

同年，4iiii 推出了「Sportiiiis」運動用穿戴式裝置，配合心率感測器，將訊息轉換成眼睛前的 LED，用來提醒運動員鍛鍊期間的心率、節奏、力量、速度和步伐。

2013 年三星（Samsung）推出了自家廠牌的智慧型手錶「Galaxy Gear」，具備 NFC 功能及可從三星應用程式商城「Market」下載 App、內建 190 萬像素相機、512MB 記憶體與 4G 儲存空間，並具備拍照、攝影以及手勢操控功能，還可以跟手機同步和計步器功能（圖 2.26）。

圖 2.26：Samsung Galaxy Gear

資料來源：Wikipedia CC 授權
作者：Div2005

同年，Zegna Sport 出了藍芽功能的通勤夾克，可透過控制器透過藍芽控制手機或 iPod，也可以在跟手機連接後，接聽與結束通話，以及播放音樂，透過夾克上的洞連接耳機可以直接聽。

2014 年，Google 針對穿戴式裝置推出了 Android Wear 作業系統。此後很多廠商都使用這個作業系統，這些裝置可以與 Android OS 的智慧型手機之間有很強的「互通」連結性，不但可以接收手機上的訊息通知，也能操控手機開啟應用程式，進而減少手機的使用頻率。

同年，小米手環（圖 2.27）以 79 元人民幣的低價搶市，具備測跑／走路運動、睡眠功能，後來還增加了與小米體重機的結合，廣受歡迎。後來還推出可量測心律的新版本。

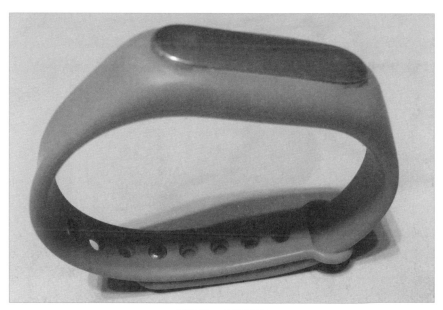

圖 2.27：小米手環

拍攝者：裴有恆

2014 年的 Computex，台灣的紡織產業綜合研究所展示了女性的跑步智慧衣、自行運動的智慧衣，可以測血氧的手套，與開胸手術後的復健衣。而 2015 年的 Computex，又展示了救火員專用的救火衣、警用專用智慧背心。出這些可以看到台灣的紡織所的技術已經趕上了歐美的技術。

2015 年 Oculus DK2（2016 年正名為 Rift）、Playstation VR、HTC Vive 三款智慧型頭盔的出現，掀起了不小虛擬實境頭盔的熱潮，而這三款產品都曾在 2016 年才上市。

2015 年 三 月 Apple Watch 上市，有三種款式，還有多款相對應的應用程式。不過 Apple Watch 續航力不足以及反應稍嫌緩慢，是在市場上被人詬病的缺點，但是 Apple Watch 外型以及設計上的時尚與品味深受消費者歡迎，也肯定了對於穿戴式裝置，消費者重視外在樣式的重要性（圖 2.28）。後來 Apple Watch 推出第二代，把最貴的機種大幅調降，並且確定以健康醫療為主軸，2017 年出了第三代。

圖 2.28：**Apple Watch**

資料來源：Wikipedia CC 授權

作者：Justin14

2016 年 VR 產品 Oculus Rift、HTC Vive、Sony PS VR 紛紛推出，微軟也推出了 MR 產品 Microsoft Hololens，不過因為單價高，Oculus Rift 跟 HTC Vive 需要搭配 3 D 運算能力很強的電腦及必須利用實體線來做傳輸而銷售不佳。

2017 年台灣智慧紡織聯盟成立，參與廠商在當年 Computex 推出多項產品。

從這些歷史軌跡，可以看出來穿戴式裝置到可分為智慧手錶／手環類、智慧眼鏡／頭盔、跟智慧紡織品三大類。

從 1945 萬尼瓦爾開始思考穿戴式的概念，1968 終於做出第一台穿戴式眼鏡「達摩克利斯之劍」，之後各式各樣的特殊專業智慧眼鏡／頭盔出現，但真正造成最近非專業智慧型眼鏡／頭盔被重視，卻是 Google Glass 引起的風潮。後來 2016 年三大虛擬實境頭盔的問世，受到矚目，而 2016 年也被稱為虛擬實境元年。

而對智慧手錶／手環，從 1972 年第一台有計算能力的手錶 Pulsar 開始，就開始有一系列針對手錶智慧化的嘗試展開，2003 年 Garmin 針對運動人士的 GPS 手錶開創了針對運動健康手錶的新頁，接下來各種各樣的針對健康的智慧手錶手環出現，而到了 2014 年，智慧手錶／手環類的穿戴式裝置就進入了風起雲湧的時代，百家爭鳴。不過小米手環與 Apple Watch 分別訂定了整個市場的低階與高階的價格限制。如果其他廠牌手錶／手環類的穿戴式裝置沒有特殊的功能與定位，在市場上很難有銷售空間。正說明了 Jawbone 與 Pebble 從市場消失的原因。目前手錶／手環類的穿戴式的前五大廠商（蘋果、小

米、Fitbit）的專注焦點都朝向健康醫療大數據，接下來這類產品會利用數據與人工智慧，來引發更進一步的商機與勝利。

智慧紡織品從 1968 年太空裝的展示開始，除了專業性的產品之外，消費性的產品接下來以娛樂跟健康醫療監控兩大方向為主展開，相較於智慧眼鏡／頭盔、智慧手錶／手環，智慧紡織品相對自然且不突兀，未來消費者的接受度可能更高，而台灣在智慧紡織品的技術在 2014 年以來多次 Computex 的展示可以看出台灣在專業及健康的智慧紡織品已經有很不錯的相關技術了。而台灣現在智慧紡織聯盟成立，有更多廠商推出好產品。

穿戴裝置重要歷史年表

1945 年：萬尼瓦爾 • 布希提出穿戴式裝置概念。

1961 年：愛德華 • 索普的 Roulette-Computer 發表。

1968 年：伊凡 • 蘇澤蘭的達摩克利斯之劍發表。可自動充氣、放氣、加熱、冷卻的太空服展示。

1972 年：漢米爾頓鐘錶公司製造發表 Pulsar 可計算手錶，基司 • 塔夫製作驗證賭博機率的穿戴裝置。

1982 年：精工發表 Pulsar NL C01，第一支附電子記憶體的手錶。

1983 年：精工發表 SEIKO TV WATCH 第一支可看電視的攜帶型手錶。

1985 年：Harry Wainwright 創造了第一件動畫運動衫。

1992 年：CamNet 發明了附攝影鏡頭的遠端醫療用智慧眼鏡。

1995 年：精工發表 SEIKO MESSAGE WATCH 第一支可接收 FM 訊息的手錶。

1997 年：MicroOptical公司的馬克‧史皮徹做出光學顯示智慧眼鏡。

1998 年：Clothing+ 發展出第一件心率監測的衣著。

1999 年：亮眼公司的 Liteye-300 軍事用頭戴顯示器發表。
　　　　Xybermaut 發表工業專用穿戴式裝置 MA-IV。

2000 年：Triplett 的 VisualEYEzer 3250 這款檢測用工業智慧穿戴
　　　　裝置發表，Philips ／ Levis ICD+ 夾克發表。

2001 年：VivoMetrics 發表 LifeShirt 系統。

2002 年：Fossil 發表了第一支 PDA 手錶 Fossil Wrist PDA。

2003 年：Garmin 發表了 Forerunner 101，第一支有 GPS 功能的手
　　　　錶。另外 Burton 跟 Apple 合作的可控制 iPod 的 Burton
　　　　Amp 夾克。

2006 年：Nike ＋ iPod Nano 運動組合發表。愛迪達發表自適應鞋。

2008 年：Fitbit Tracker 發表。Oakley 出了具太陽能電池板的沙灘
　　　　手提袋。

2009 年：Metallica 出了 Metallica M4 夾克。Zegna Sport 出了
　　　　Ecotech 太陽能夾克。

2010 年：台灣蓋德第一支具 RFID 功能的智慧手錶發表。

2011 年：Jawbone up 發表。

2012 年：Magellan Switch、Sony Swatch、Pebble Watch、Google
　　　　Glass、Nike+ Fuelband 發表。

2013 年：三星 Galaxy Gear 智慧手錶發表，Zegna Sport 出了圖標夾克。

2014 年：Android Wear 穿戴式裝置作業系統及小米手環發表。台灣
　　　　紡織產業綜合研究所在 Computex 展示女性跑步智慧衣、
　　　　自行車運動衣、量血氧手套、與開胸手術後復健衣。

2015 年：Apple Watch 發表。台灣紡織產業綜合研究所在 Computex
　　　　展示救火員專用救火衣。Oculus DK2、Playstation VR、
　　　　HTC Vive 三大智慧型頭盔發表。

2016 年：HTC Vive、Oculus Rift、Sony PS VR 及微軟 Hololens MR
　　　　設備推出。

2017 年：台灣智慧紡織聯盟成立。

2.3　穿戴式裝置的類別

　　從穿戴式裝置的歷史，我們可以知道穿戴式裝置其實可以分為三大
類別：智慧手環、手錶與戒指、智慧眼鏡與頭盔、智慧紡織品，以及
其他。而這樣的產品的基本需求是：舒適性高、致敏性低、貼合性
好、量測靈敏度與準確性高。

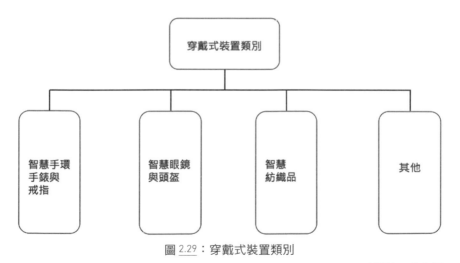

圖 2.29：穿戴式裝置類別

製圖者：裴有恆

2.3.1 智慧手環，手錶與戒指

智慧手環與手錶是目前穿戴式裝置出貨最多的類別，2015 年與 2016 年出貨量前 5 大的廠商皆屬此類：Apple、Fitbit、小米、Garmin、三星。

穿戴式裝置現在遇到了瓶頸，最高貴的是蘋果的 Apple Watch，以品味設計以及社會地位象徵獲得消費者青睞，最低價的是小米系列，買來當玩具都不會覺得浪費，但是介於兩者之間的必須要有特色，而且跟醫療健康結合是重要需求，只是現在這方面的大部分裝置提供的量測資料有效度很低，而且還沒能結合大數據產生資料。

相關產品（一）Apple Watch

Apple Watch 是 Apple 在物聯網的重要作品，第一代共有 3 個版本：「Apple Watch」、「Apple Watch Sport」（圖 2.30）和「Apple Watch Edition」。三種版本的差異在於外觀材質與設計不同：「Apple Watch」外殼使用了不鏽鋼材質、「Apple Watch Sport」使用的是鋁金屬材質，而「Apple Watch Edition」則是採用 18K 金材質。當然這三種手錶的價錢差很多，雖然功能都是一樣的。這也造成它第二代作了一些改變，「Apple Watch Edition」去除 18K 金的超貴版本，改為價錢較親民卻也很有質感的陶瓷版本，更將原來的「Apple Watch Sport」版本升級對應到「Series 1 Apple Watch」，原來的金屬錶帶的「Apple Watch」對應到「Series 2 Apple Watch」，另外多了「Apple Watch Hermes」、「Apple Watch Nike+」兩隻跟 Hermes 及

Nike 合作的手錶，而這兩隻及「Apple Watch Edition」也同屬於 Series2 系列。

Watch OS 是 Apple Watch 特有的 OS，跟 iPhone 與 iPad 上的 iOS 做區隔。Apple Watch 對外通信有藍芽與 Wi-Fi 兩種通訊協定，但若要在無 Wi-Fi 狀況下連到雲端，除了第三代增加的 LTE 版本本身就可以透過 4G 通訊協定連上網路，其餘必須透過 iPhone 的 3G ／ 4G 通訊協定。

另外，它在實際使用上也如同 iPhone ／ iPad，使用者可進入 App Store 下載合宜的 APP 來運作。

此款手錶內建多種傳感器：GPS、加速度計、陀螺儀、心率感應器、NFC…等。這讓它除了可以量測睡眠、運動之外，還可透過心臟監控器來監控心臟狀況，之前曾有人實際測試，發現其測試結果不輸專業廠商心跳帶的準確。而 Apple Watch 第二代開始專注於健康醫療相關。

Apple Watch 現在最被消費者詬病的電池運作時間不長，需要經常性充電，但因為樣式非常時尚且代表身份地位的優點，讓它在世界上仍然熱銷。

Apple Watch 在 2015 年及 2016 年的總銷售量都是穿戴式裝置第三名。Apple 本來對精品並不熟悉，所以總裁 Tim Cook 特別請了 Burberry 的前任 CEO Angela Ahrendts 到蘋果來當銷售副總裁。

　　之前蘋果的設計主管 Jonathan Ive 就對 Apple Watch 的設計信心滿滿，稱這支手機會讓瑞士名錶的銷量大受影響，果然瑞士名錶在香港的出貨量在 2015 年大減，蘋果的時尚設計，果然不同凡響。

　　Apple Watch 在 2017 年 9 月發表會宣告推出第三代，具備 LTE 版本與標準版本，其中 LTE 版可以直接連上 LTE 4G 網路，不再需要透過 iPhone 手機連網。

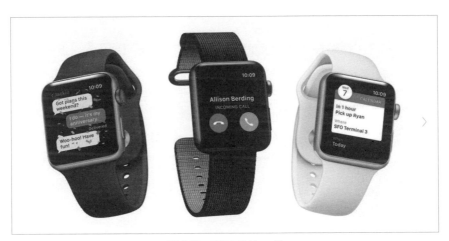

圖 2.30：蘋果手錶二代

取自網路 http://i1.wp.com/www.gottabemobile.com/wp-content/
uploads/2016/08/Apple-Watch-2-release-Date-Series-2-2.jpg

相關產品（二）小米手環

　　小米推出了幾款穿戴式裝置：「小米手環」、「小米手環二」、「小米手環光感版」及「米動手錶」。「小米手環」（圖 2.31）具備量測步行、夜間睡眠狀態、跟小米體重計結合功能，而「小米手環光感版」除了有上述功能外，又多了心率量測；「小米手環二」則多了顯示螢

幕；而「米動手錶」多了支援 GPS/Glonass、氣壓計功能及跑步、騎車及走路等多種運動。

「小米手環」本身是由一個塑膠手環（有黑、淺藍、黃、橙、粉紅五種顏色），結合真正的量測器，量測器在「小米手環」上具備加速感應器與藍芽通信裝置，而「小米手環光感版」上另外具備了光電心率感應器，以光電容積脈搏掃描記（PPG）法量測心臟狀況。而量測器可以拔下來透過專用充電接頭充電，經過實測，「小米手環」充電後，使用超過一個月再充電即可，十分省電；「小米手環二」因為多了顯示螢幕，充電飽滿後可使用一周；「米動手錶」自稱充電後可使用 45 天。

小米手環的銷售量驚人，在 2017 年上半年據說銷售量第一。值得注意的是小米手環並非小米本身設計的，而是小米的夥伴華米科技設計的。小米針對物聯網事業，特別提出三～五年 100 家夥伴的計畫，華米科技就是其中的一位夥伴。

圖 2.31：小米手環二

拍攝者：裴有恆

相關產品（三）Fitbit 系列

Fitbit 現在上市的穿戴裝置種類繁多：除了單純記步的「zip」，以及記步、睡眠追蹤、爬樓梯紀錄的「One」，其餘都是手錶手環類，有「Alta」、「Flex」、「Charge」、「Charge HR」（HR 表示 Heart Rate 心率）、「Surge」、「Blaze」等機種（圖 2.32）。其中「Flex」功能最陽春、「Surge」功能最豐富：除了顯示手機上訊息外，也支援 GPS 定位功能。「Blaze」主打可更換手環的功能，GPS 的功能反而是以藍芽連接智慧型手機，以智慧型手機上的 GPS 為運動資料輸入，之前收購的 FitStar 的 App 也是 Blaze 內建的新功能。Alta 手環跟 Charge 功能類似，但可以置換手環成皮革與不鏽鋼材質。

Fitbit 是 2014 年 ~2016 年穿戴式裝置總銷量最高的品牌。

此品牌在歐美一直以健身社群為主要訴求，透過社群互相激勵與挑戰，提高使用者使用意願。而 2015 年底，美國當時的總統歐巴馬，為了體驗穿戴式裝置，特別買了台 Surge 體驗，造成話題。不過這樣的訴求在亞洲並沒有被認同，很可能是因為亞洲各個減肥社群早就成立，並沒有跟 Fitbit 有很好的合作關係，以台灣為例，減肥社群 iFit 跟 Fitbit 就沒有太多連結。

2011 年起，Fitbit 開始提供 API，讓第三方可以提供 APP，擴大應用服務生態鏈，目前也有超過 39 個 APP 使用 Fitbit，現在也開始投資大數據。他在 2015 年 3 月收購健身程式 Fitstar，以提供用戶改善運動訓練進度，並根據客戶狀況調整，以提供個人化訓練課程。

另外，Fitbit 也提供特殊的獎勵叫 Active Minutes 對當你的運動比散步激烈時（像是快走或有氧運動）就會提供。

　　Fitbit 在 2017 年宣告跟 Dexcom 合作在即將出貨的 Ionic 智慧手錶上看到植入皮下的 Dexcom 晶片量測出的血糖值。

圖 2.32：**Fitbit 系列產品**

取自網路：https://www.digifloor.com/fitbit-
fitness-activity-trackers-comparison-12

表 2.1：Fitbit 產品比較表

Fitbit 系列產品	Zlp	One	Flex	Charge	Alta	Charge HR	Surge	Blaze
計步、卡路里、距離	✓	✓	✓	✓	✓	✓	✓	✓
時鐘	✓	✓		✓	✓	✓	✓	✓
睡眠追蹤		✓	✓	✓	✓	✓	✓	✓
自動睡眠偵測				✓	✓	✓	✓	✓
靜音震動鬧鈴		✓	✓	✓	✓	✓	✓	✓
爬樓梯		✓		✓		✓	✓	✓
Active Minutes			✓	✓	✓	✓	✓	✓
多種運動							✓	✓
持續心跳偵測						✓	✓	✓
來電號碼				✓	✓	✓	✓	✓
文字提醒							✓	✓
音樂控制							✓	✓
GPS 追蹤							✓	
控制手機音樂播放							✓	✓
彩色觸控螢幕								✓

相關產品（四） Garmin 系列 ────────────────────

　　Garmin 是穿戴式裝置大廠中最早投入的，也一直針對不同運動專業人士推出相關的產品，有針對跑步的「Forerunner」系列，針對健身的「vivofit」系列，針對高爾夫使用者的「Approach」系列，針對鐵人的「Forerunner 920XT」，及針對戶外休閒的「Fénix」各種版本。Garmin 的主要武器當然是它的 GPS 專業，所以很多款穿戴裝置會配有高感度 GPS 接收器（Forerunner 全系列、Vivoactive、Approach 全系列），另外在幾款裝置上（Forerunner225、Forerunner235、Forerunner920XT、Vivosmart HR.. 等等）還內建光學心率感測器。

　　此品牌也有運動社群的建置，利用「Garmin Connect^{TM}」做網路社群連接，可凝聚使用者，讓他們在社群中互相鼓勵。

　　Garmin 原來的主要產品是 GPS 車用手持式導航裝置，在 GPS 車用導航裝置被智慧型手機的內附導航取代之後，還好他們的穿戴式裝置也起來了，讓他們不致因為 GPS 導航裝置的衰退而影響太大。

表 2.2：Garmin 各系列比較表

Garmin 各系列	Forerunner	Vivo-Fit	Vivo-active	Vivo-Smart	Approach	Fénixe
針對	跑步／鐵人運動	一般消費者的智慧穿戴			高爾夫	戶外運動
GPS	✓		✓		✓	✓
步數或活動追蹤	✓	✓	✓	✓		✓
睡眠記錄	10 無，其餘都有	✓	✓	✓		✓
尋找手機／音樂控制			✓	✓		
來電顯示／簡訊閱讀	920XT 有					
高爾夫相關功能					✓	
虛擬夥伴／虛擬競賽	920XT 有					3 有
多種訓練功能						3 有
結合支付				HR 台灣版結合一卡通		

資料來源：Garmin 官網

圖 2.33：Garmin Approach S6 golf watch

取自網路 http://www.wired.com/2014/06/
garmin-approach-s6-golf-watch/

相關產品（五）三星 Galaxy Gear 系列

　　三星的穿戴式裝置是「Galaxy Gear」系列，之前發表的有「Galaxy Gear」、「Galaxy Gear S」、「Galaxy Gear 2」、「Galaxy Gear S2」、「Galaxy Gear Fit」、「Galaxy Gear Cirlet」…等等，目前三星官網上販賣的是最新版的「Galaxy Gear S3」（圖 2.34）。

　　因為不確定消費者的需求，三星一直在嘗試，從「Galaxy Gear」就具備有加速感應器、陀螺儀、計步器及照相功能，「Galaxy Gear 2」更增加了心率測定功能，「Galaxy Gear S」甚至可以直接打電話、具備 GPS 定位功能、加速感應器、陀螺儀、指南針、心率計、氣壓計、UV 光等量測器，十分豪華。到了「Galaxy Gear S2」有加速感應器、陀螺儀、心跳感測器、氣壓計、光源感應器等功能，另有 NFC 以搭配「Samsung Pay」支付功能。「Galaxy Gear S2」則是擁有特殊圓形邊框，可以透過轉動邊框來控制：左轉出現通知，右轉出現常用工具列，相對於觸控操作，可說是簡單許多。

　　三星在穿戴式裝置上除了「Galaxy Gear」一開始出貨時使用了以 Android 為基礎的作業系統外，都採用自家的 Tizen 作業系統，後來「Galaxy Gear」升級時也改為使用自家的 Tizen 作業系統。Tizen 作業系統本身也支援下載 APP 擴充功能的做法。

　　Gear S2 的特殊圓形邊框是麻省理工學院 MIT 的第六感及 TED Talk 名人堂的 Pranav Mistry 加入三星智囊團（THINK TANK TEAM）之後提出的第一款模型。這樣由轉邊框選擇功能的模式，的確比透過觸控錶面選擇功能人性化，畢竟錶面太小，太多功能選擇很

容易因為誤觸而錯選。Gear S3 有出 Classic 跟 Frontier 兩款，支援
無線充電，充電一次可以用四天。

圖 2.34：**Gear S3**

來源：三星官網 http://www.samsung.com

相關產品（六）步步高的小天才電話手錶

2015 年的第三季，三星的穿戴式裝置的出貨量被異軍突起的「小
天才電話手錶」（圖 2.35）打敗，第三季出貨 70 萬支，硬把三星在
當季的出貨量從全球第五擠到第六名。

「小天才電話手錶」有打電話與用手抖一抖就可接聽電話的功能，
而且父母打電話 10 秒鐘後會自動接聽，同時可以透過 APP 設定在上
學時不能打電話的功能，另外，電話發話位置會傳到父母手機上的
APP 顯示出來，還可支援微信聊天及家庭群聊。

「小天才電話手錶」這類的電話手錶在中國很盛行，這可能跟華人
父母很希望掌握兒女的行蹤很有關係。也有朋友告知說這跟中國的小
孩常被騙走很有關係。

圖 2.35：小天才電話手錶

取自網路 http://www.7edown.com/edu/article/soft_24261_1.html

相關產品（七） **新力 SmartWatch**

　　新力的「SmartWatch」目前已經出到第三代（圖 2.36），內部作業系統採用了 Google 開發的「Android Wear 5.0」，1.6" 螢幕，可直接用一般的 Micro USB 線充電，顏色有黑、白、粉紅、萊姆四種顏色，續航力 2 天，可更換錶帶為其特點。

　　此款手錶具備 NFC、GPS、重力加速器及陀螺儀。可以結合「iFit」健身程式來記錄自身運動狀況，「GolfShot」高爾夫球場應用程式幫助準確量測果嶺及相關距離，「Lifelog」程式可以記錄你一天發生的事，讓你隨時可以回顧。「Endomondo」程式可以幫助你記錄跑步、騎腳踏車、散步等運動數據。

　　新力內部對物聯網裝置寄與厚望，但是 SmartWatch 系列並沒有賣
得太好，出到第三代之後就沒有更進一步消息了。

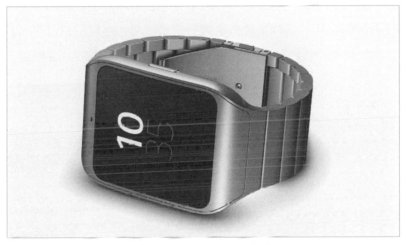

圖 2.36：**Smart Watch 3**

取自網路 http://www.androidauthority.com/
sony-smartwatch-3-metal-578470/

相關產品（八）Microsoft Band

　　「Microsoft Band」第一代沒輸入台灣，因此在台灣市場上沒受到
太多注意，後來進入了第二代（圖 2.37），採用曲面銀幕，擁有 11
個感測器：氣壓計、重力、心跳、UV、位置、肌膚溫度、皮膚電
阻、VO2 max 等感測器，是一款具有強大偵測能力的穿戴裝置。並
提供了與微軟語音助手「Cortana」的協作，以及 Uber、Starbucks
與 Subway 等第三方廠商軟體的支援，同時支援 iOS 和 Android OS
系統的手機。

　　從定位的角度來看，同時具備這麼多個感測器及功能，應是針對登高山或極地特殊運動才用得到，而就硬體角度卻因此多了很多成本，若以一般消費品而言，很多功能用不著。若是以搭配微軟的健康平台 Microsoft Health 以收集夠多數據的角度出發，這樣的設計是否銷量大到收集夠多的資料則令人懷疑。這支手環新版本後來也沒看到。

圖 2.37：**Microsoft Band 2**

取自網路 http://www.engadget.com/2015/10/29/microsoft-band-2-review/

相關產品（九）Jawbone UP 系列

　　Jawbone 的智慧手環共有「UP」（圖 2.38）、「UP24」、「UP2」、「UP3」以及「UP4」5 款，另外有一個夾型穿戴裝置「move」。

　　上述產品中，「UP24」、「UP2」、「UP3」、「UP4」的電池充飽後，使用時間皆為 7 天，以無螢幕手環而言，續航力並不強。跟小米一樣

採用 LED 顯示，可測量睡眠，「UP3」跟「UP4」有睡眠時心率讀取功能（非即時），「UP4」還加入了 NFC 晶片，具備行動支付功能，這是「UP4」跟「UP3」唯一的不同。Jawbone 的另 特色是顏色炫麗且時尚，具備多種顏色可以選擇。Jawbone 發展了多種健康 APP，且建立了 Jawbone UP 健康服務平台，提供互動式睡眠、活動、健康飲食、心情追蹤管理等服務，提供個人健康報告，另透過社群分享功能，可看到朋友相關進度，進而透過社群力量，提高消費者使用意願，而且有里程碑模式，讓消費者達標後慶祝。Jawbone 也開放了 API，與超過 2500 個合作夥伴開發 APP。

Jawbone 在 2014 年被視為最有機會的公司，但在 2017 年營運狀況很不好，盛傳倒閉清算。

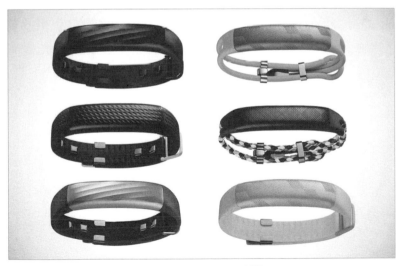

圖 2.38：**Jawbone UP**

取自網路 http://www.connectedly.com/you-can-now-buy-
jawbones-move-up2-and-up3-india

相關產品（十） Nike+ Fuelband

Nike+ Fuelband 是 Nike 所研發的一組手環（圖 2.39）。

將「Nike+Fuelband」手環戴在手腕上，設定好「每日運動目標」，手環將會自動記錄你運動的時間、燃燒的卡路里、步伐，和 Nike 自創的「NikeFuel」運動評估指數，手環可以透過 USB 上傳個人運動數據資料，與「Nike+」網站同步，也可以透過智慧型手機 APP，跟「Nike+ FuelBand」手環即時同步資料！這樣就能夠隨時了解自己的體能狀態與運動狀況。另外還可以透過加入使用「Nike+ FuelBand」的好友，同時設定好共同目標，在網路連線時，就可以清楚了解對手（好友）的運動狀況，這樣能比賽誰先達到預先設定好的目標了！

不過目前 Nike 已將研發此手環的硬體團隊解散。這可能因為後來蘋果出的手錶功能類似所致，而且 Apple Watch 2 及 3 也出了 Nike 共品牌版本，現在 Nike 只專注於相關軟體開發。而之前的硬體團隊成員也被其他各家想做穿戴式手錶／手環的公司找去。

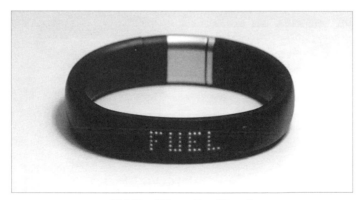

圖 2.39：**Nike+ FuelBand**

來源：Wikipedia CC 授權　作者：Hiddenchemistry

相關產品（十一） Pebble Series

Pebble 總共出了二代穿戴裝置：「Pebble」（圖 2.40）、「Pebble Time」，此系列使用低功耗的電子紙螢幕，在 Kick Starter 上集資的 Pebble 本身樣式較不正式，外型接近玩具錶，後續版本「Pebble Steel」換上了不鏽鋼錶帶，外型便正式許多，適合商務人士佩戴。新版的「Pebble Time」有 64 色彩色電子紙螢幕及心率偵測、GPS 等功能。此系列同時支援 Android OS 及 iOS 的手機，本身則是使用自製的 Pebble OS，且擁有多達 1000 多種應用程式的應用程式商店。另外，此系列手錶本身有 50 米防水功能，游泳時也能佩戴。

「Pebble」跟「Pebble Time」都在 Kick Starter 上募資，而且分別在 2013 年與 2015 年創了 Kick Starter 的紀錄。這顯示消費者對 Pebble 這類穿戴式手錶的信心。而因為使用電子紙螢幕，Pebble 的待機時間長於一般用全彩色螢幕的手機。

「Pebble」公司在 2016 年賣給 Fitbit，過往雖然輝煌，但也只落得賣給大廠，讓人不勝唏噓。

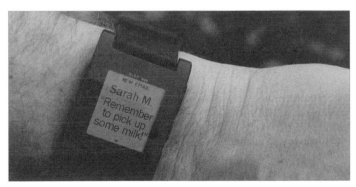

圖 2.40：**Pebble**

來源：Wikipedia CC 授權 作者：Pebble Technology

相關產品（十二） 神達 MiVia essential350

MiVia essential350 上的量測是直接跟醫院及研究機構在心跳與睡眠狀況合作。使用最準確的 ECG（心電圖）量測；睡眠的部分則是使用跟醫院合作提供的演算法，只要使用手動開啟與結束睡眠模式，就可達醫療等級的睡眠量測。「醫療等級，消費品價格」是這個產品的特色，這隻的醫療版已經過了台灣的 TFDA。

可惜的是沒能與醫療院所合作做好數據收集，以在分析後找出更進一步的服務，所以玩一陣子就會膩，這是很多穿戴式裝置都有的現象。

圖 2.41：MiVia essential350

裴有恆製作

相關產品（十三） Asus Zen Watch、Vivowatch

Asus 出了 Zen Watch、Zen Watch 2 及 Vivowatch（圖 2.42）三隻智慧手錶。跟「Zen Watch」系列不同，「Vivowatch」並沒有使用 Android Wear 作業系統，他的外表並不絢麗，使用電子紙螢幕，讓它可以長時間待機。除了手錶功能，它還具備偵測運動、睡眠、心率與環境紫外線等級等蠻不錯的功能。而運動狀態會自動轉換成卡路里，非常方便。心率偵測還包含有氧心率指示燈：「VivoWatch」上的指示燈就是用來幫助我們了解運動狀態的量測工具，亮起綠燈顯示

目前運動達到有氧運動區間及燃燒熱量；運動強度過高，接近個人極限值時則會亮起紅燈。

此裝置最特別的功能是快樂指數，這是總結每天的睡眠和運動測量結果計算成數值，讓我們能夠更方便掌握身心狀況。

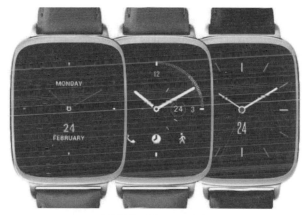

圖 2.42：**Vivowatch**

取白網路 http://www.leiphone.com/news/
201505/R3HgrlrC2LcdMvfi.html

「Zen Watch」目前出到第二代（圖 2.43），以 Android Wear 為作業系統，第二代以可支援 iOS 為其特色。

不過特定對應 Android Wear 的 APP 目前尚無法支援。

「Zen Watch」第二代分為大小兩款螢幕：大尺寸版為 1.63 吋，320 x 320 畫素 AMOLED 螢幕（與第一代相同）；小尺寸版為 1.45 吋，280 x 280 畫素 AMOLED 螢幕，兩種款式都採用康寧 Gorilla Glass 3 2.5D 曲面玻璃覆蓋。第二代的小尺寸版設計為專為女性設

計，典雅有型，不同於大尺寸版的粗獷。在 2017 年的 WCIT 展覽中，Google 展出華碩 Zen Watch 3，但是到目前為止，沒看到任何 Zen Watch 3 的銷售計畫。

除了 Android Wear 支援的標準功能，兩代共同功能在健康方面為測量心跳，偵測運動狀況。

使用 Android Wear OS 的缺點就是基本的功能會差不多，但是優點是可以透過選擇下載的 APP 擴充功能。

華碩目前成立了特別的雲端中心 https://healthcare.asus.com/，跟這些裝置結合，產生更多的加值，他們也歡迎其他終端廠商加入，一起為客戶提供更多的價值。

圖 2.43：**Zen Watch 2**

取自網路 http://www.ibtimes.co.uk/asus-zenwatch-2-receiving-mar
shmallow-based-android-wear-1-4-update-1548368

相關產品（十四）智慧戒指 Logbar Ring

日本團隊 Logbar 推出了一款智慧戒指「Logbar Ring」（圖 2.44）：它能透過藍芽 4.0 與手機等智慧設備相連，上面設有 LED 燈和觸控面板。其主要特點在於它內置動作感測器和觸控感測器，可透過藍芽或 Wi-Fi 連接其他智慧設備，然後在對應的手機 APP 上預先設定好手勢動作。使用時，將它戴在食指上，用拇指輕點觸控面板，然後在空中做出對應的手勢，即可完成對應的操作。此外，當收到通知和提醒時，戒指上的 LED 燈和內置的振動器會即時提醒用戶。

透過開放的 API 接口，此戒指還能連接其他智慧設備，比如飛利浦的「Hue」智慧燈泡、「Google Glass」等等。如果是與它的軟體相容的設備，當然可以直接連接。如果不能，就需要先經由藍牙 4.0 連接到相對應的控制中心，然後再透過紅外線或 Wi-Fi 連接這些智慧設備，再對應它們實現手勢操控。這樣一來，動一動手指就可以控制檯燈、切換電視頻道、打開音響或者攝影機啦！

另外，它還支援行動支付，藉由特殊手勢驗證身份後，便可使用藍芽「iBeacon」進行付款。

此款智慧指環支持 iOS 和 Android 作業系統的產品，共有六種尺寸可供選擇，並且搭配了可攜帶式的充電座。官方稱其內置電池能完成 1000 次手勢控制，充滿電需 3 小時，使用時間 1 至 3 天，待機時間約 18 天。

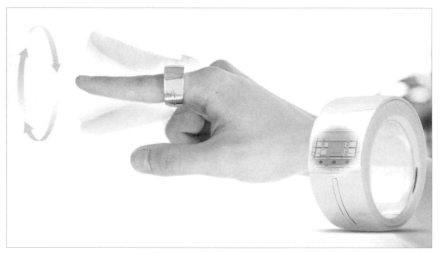

圖 2.44：Logbar Ring

取自網路：https://www.linkedin.com/pulse/logbar-
ring-your-finger-best-online-shopping-sites-list

2.3.2 智慧型眼鏡與智慧型頭盔

前言簡介

綜觀智慧型眼鏡或智慧型頭盔的研發歷史，大約從 1980 年左右，便有工程師研發出具體可行的裝置，但是早期受到軟硬體的限制、市場需求不多，這類智慧頭戴產品多處於研發實驗階段，或是只在軍事、工業、其他專業領域用的到；而近年來，相關軟、硬體的技術日漸成熟、物聯網趨勢蓬勃發展，2012 年 Google 公司（現為 Alphabet 子公司）在這樣的時機下，發表了他們的新創意 - Google Glass，首將智慧型眼鏡打入一般消費市場，希望讓這類產品普及化，於是間接

帶動了很多廠商或開發者的注意，甚至，消費者也期待使用 Google Glass 提升生活便利、工作效率，一陣話題風潮，讓大家跟著追進生產與頭戴裝置有關的穿戴裝置。

智慧型頭盔或智慧型眼鏡在市場上的普遍認知：泛指在現實生活中，透過頭戴形式的計算機裝置，將訊息或影像用數位的方式顯示在配戴者眼前，具有偵測識別、自動蒐集、資訊傳送、或回應需求，並可與網路連接使用，最高境界是讓配戴者有「人機合一」的效果。

早期智慧頭戴裝置產品可以執行基本任務，利用藍芽、GPS 或 Wi-Fi 連線主機，單純作為顯示裝置，用來投射遠端影像和聲音溝通；現代的產品能夠獨立計算其他應用程式，整體而言功能比過去進化很多，但是網路連線功能尚未獨立，必須透過主機連接網路系統，因此多為非獨立性的頭戴裝置。

如果大略劃分智慧型頭盔和智慧型眼鏡的特色，可以以顯示方式分為：浸入式（Immersive）與非浸入式（Non-immersive）兩種類型。

2.3.2.1 智慧型眼鏡（非浸入式顯示）

非浸入式（Non-immersive）智慧型眼鏡的特色，強調在實境中提供「資訊的輔助」，目的在於使用生活化，讓使用者可依據其雙眼所示的真實世界和網路資料合一，例如：Google Glass（圖 2.45 左），用來得知外界所發生的狀況，可讓配戴者可以即刻得知想要的訊息，將訊息和配戴者的實境重疊在一起，例如即時訊息、拍照、電話，或

是地圖指引…等，而這些功能類似手機，只是更直接放置到眼前，例如：模擬介面（圖 2.45 右）所示，實現「Hand Free」的使用模式，常見的應用軟體是 AR（Augmented Reality- 擴增實境）、MR（Mixed Reality- 混合實境），便是將以上所提及的輔助資訊加疊在配戴者的現實視線中，進而用資訊引導使用和互動，因此這種智慧型眼鏡又稱為「透視頭戴顯示器（See-through）」。

圖 2.45 左：**Glass Explorer Edition** 智慧型眼鏡示意圖。

取自網路 http://www.theinquirer.net/inquirer/news/2370747/fancy-pants-google-glass-models-on-sale-in-the-uk

圖 2.45 右：智慧型眼鏡軟體虛擬示意圖。

取自網路 http://www.xda-developers.com/android-based-smart-glass-round-up-whats-new-at-ces-2016/

相關產品（一）單眼顯示影像之 Google Glass

　　Google 公司以網路軟體搜尋器服務和廣告為主，同時也是 Google 公司獲利的主要方法，Google 公司近年來一直計畫將網頁軟體服務佈局到更多設備上，原本主核心硬體產品是桌上型電腦和可攜式筆電，期望可以漸漸地跨越到口袋式產品線、穿戴式產品線，而 Google Glass 是 Google 旗下 Google X 創意研發團隊的穿戴產品，企圖凌駕在現代的口袋式手機產品類上。

2012 年夏天 Google 發表 Google Glass－Explorer Edition（探索號）時，吸引了很多競爭者品牌商和消費者的注意。產品本身採用 Android 作業系統（4.0.3 以上），備有 Google Map、Gmail、Google Now、Google+⋯等軟體，在這架構上主要提供一般日常所需的生活資訊，UI 介面功能有時間類（日曆、鐘錶）、攝影機功能（錄影、拍照）、電訊（聯絡人、打電話）、網路社交⋯等，如（圖 2.46 左）所示；這些功能透過滑動右側觸控板（圖 2.46 右）、語音指令、偵測動作姿式輸入、還有偵測眨眼即可拍照功能。

圖 2.46 左：**Glass Explorer** 版本的 **UI** 介面與現實情境重疊的情況。
取自網路 http://www.phonearena.com/news/How-Google-Glass-will-change-mobile-and-how-it-could-fail_id38942

圖 2.46 右：透過右側的觸控板，手指可以前後滑動、操控主選單。
取自網路 http://www.talkandroid.com/160003-google-shows-off-glass-ui-in-new-how-to-video/

Glass Explorer 在結構上採用鈦金屬作為主支撐架、其他塑膠材質為電子包覆件（圖 2.47），提供資訊的顯示器是右邊約一公分大小的透明稜鏡，解析度具有 640×360 解析度，稜鏡與眼睛距離的顯示原理：相當於正常人眼視力在 2.5 公尺的距離，觀看 25 吋螢幕的效果；Glass Explorer 鏡架右後方連接電池，將所需的硬體做到極限體積，因此輕巧的姿態吸引了大眾的注意。

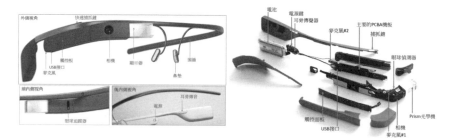

圖 2.47：**2012 年 Glass Explorer Edition** 的外觀特徵與內部拆件。

取自網路 http://www.catwig.com/google-glass-teardown/

　　Google 為了因應使用者行車的需求，初始只簡配一套沒有光學度數的墨鏡鏡片和一般透明鏡片，克服行車時常見的環境問題；2014年又加強發展裝置配件，與 Ray-Ban、Oakley 等眼鏡商合作研發，提供多樣化鏡框選擇，讓 Glass Explorer 可以配上處方鏡片，滿足更多族群的需求（圖 2.48）。

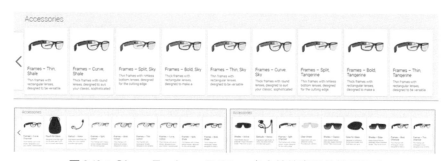

圖 2.48：**Glass Explorer Edition** 處方鏡片專用的鏡框款式
以及其他包裝、耳機配件。

取自網路 http://thetechjournal.com/electronics/gadget-electronics/
explorer-edition-on-play-store.xhtml

Google 做了許多周邊配件、開放軟體平台程式（Mirror API），目的是為了市場自行開發、普及化產品，從 2012 年發表 Glass Explorer 後，開發者與消費者多方面探討需求、嘗試應用，有人拿來做為開車時使用的行車導航、展覽或旅遊導覽、紀錄醫療過程（圖 2.49 左）、維修工程紀錄（圖 2.49 右）…等，但市場買氣的力量遲遲不見效果，主原因售價 1500 美元價太高、可隨時錄影拍照的功能侵犯隱私權、電池續航力約 2～4 小時、單一造型無法符合所有大小臉型、通路（只在美國販售，並且需要出示美國公民資格）…等原因，導致 Glass Explorer 無法在一般市場上生存。

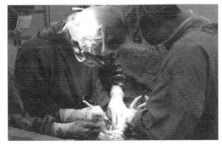 

圖 2.49 左：**2014 年上海交通大學醫學院附屬仁濟醫院醫師應用 Glass Explorer 做視頻網絡轉播手術。**

取自網路 https://read01.com/ekL5Bg.html#.WaJbdT4jGiM

圖 2.49 右：**2014 年 BMW 維修人員用 Glass Explorer 記錄修車問題與中心報告、溝通。**

取自網路 http://www.bmwblog.com/2014/11/19/bmw-visual-inspection-memory-function-via-google-glass/

　　對照消費市場的反應，Google 觀看企業應用 Glass Explorer 的情況，認為市場應該在專業工作領域，於是 Google 在 2014 年啟動「Glass at Work」計畫，主要目的就是為企業開發針對性的 Glass Explorer 應用，幫助企業改善工作環境，提升效率（圖 2.50 左），當

時認證合作的夥伴有 APX、Augmedix、Crowdoptic、GuidiGO 和 Wearable Intelligence。

Google 經過將近五年的沉澱與驗證，終於在 2017 年夏天發行「Glass Enterprise」版本（圖 2.50 右），並宣布只販售給企業使用，只做為專業用途：製造、物流和醫療保健。間接宣告該專案計畫無法取代手機、不適用於一般生活使用。

 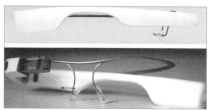

圖 2.50 左：明尼蘇達州傑克遜的工廠工人使用 **Glass Explorer** 協助她裝配。

取自網路 http://news.wabe.org/post/duluth-based-agco-uses-google-glass-build-farm-tractors

圖 2.50 右：**2017 年 Google Glass Enterprise Edition** 的外觀特徵，具有折疊的關節可收納眼鏡。

取自網路 http://www.catwig.com/google-glass-teardown/

Glass Enterprise 版本在外觀上與 Glass Explorer 版本大同小異，比較方便的部分是可以折疊鏡架，像一般眼鏡一樣好收納；其他細節修改特徵如：取消耳骨傳送聲音技術，由簡易的揚聲器取代；用類似探針（Pogo Pin）充電方式取代 Micro USB；鏡片卡在鏡架上的結構略做調整，其他幾乎與 Glass Explorer 差不多。

而 Glass Enterprise 的規格（表 2.3）在照相功能升級到 800 萬畫素；顯示器稜鏡比以往的大一點，並改善投影的彩度品質；提升連接網路速度，還可同時與多個 Bluetooth 連接；儲存量可達 2GB、並有

32 GB Flash 記憶體運算；加大電池量至 780mAh，可一直使用約 4-5 個小時；增加感測器，可感知使用狀態、自動關機或暫停，以及加強 GPS 偵測，確保在嚴苛的環境中仍可以運作；軟體系統原本透過 Google 既有的應用程式做執行動作，而 Glass Enterprise 應用程序則以 Streye Lite 和 Streye Suite 套件為主，可用 Streye 平台資源、Streye APP…等；基本價錢約 1850 美元販售給企業，不再銷售給一般消費市場。

表 2.3 · Google 的 Glass Explorer 和 Glass Enterprise 規格版本對照表。

規格項目	2012年 Google Glass Explorer 版本的規格	2017年 Google Glass Enterprise 版本的規格
照相功能	500萬畫素。	800萬畫素。
錄影功能	720p 解析度。	
聲音效果	透過耳骨傳送聲音技術（Bone Conduction Transducer）或是透過Micro USB連接耳機。	在右導耳朵附近安置一個簡易的揚聲器。
連接性	WIFI 802.11b/g 或是Bluetooth。	WIFI升級到雙頻2.4 + 5 GHz 802.11a / b / g / n / ac。支持Bluetooth LE和HID，並可同時與多個Bluetooth連接。
儲存	682MB可用儲存容量（第一代版本），並與 Google 雲端空間同步。16GB Flash 記憶體。	2GB 可用儲存容量。32 GB Flash 記憶體。
電池	570 mAh。	780 mAh。
充電器	內含 Micro USB 接線與充電器。	類似探針（Pogo Pin）充電方式。
感應器	三軸陀螺儀、三軸加速規、三軸磁強計（電子羅盤）、光線傳感器和距離傳感器、環境光線傳感器、眨眼傳感器、觸控板。	除了原先的感應器，還增加了氣壓計。幾架鉸鏈傳感器（用於確定鉸鏈是開啟還是關閉）。
軟體系統	任何有WiFi、Bluetooth功能的手機皆可連線使用；可使用軟體套件有Google Map、Gmail、Google Now、Google+；如果使用 GPS 及 SMS 簡訊功能，需搭配安裝 MyGlass APP，該 APP 適用於 Android 4.0.3（Ice Cream Sandwich）以上系統。	應用程序以Streye Lite和Streye Suite套件為主，可用Streye平台資源、Streye File Storage、Streye Lite APP、Streye Live；Streye Enterprise企業套件則多了Streye Checkr、Streye Alert、Streye Live Pro等。
價錢	單機1,500美元（2013年）。	1,850美元（包含簡易版的Streye Lite軟體套件）（2017年）。2,977美元（包含完整版的Streye Lite軟體套件）（2017年）。

資料來源截自 Google 官方網站、對照多方新聞資料，最後由本書彙整而成。

相關產品（二）**雙眼顯示影像之 Mini Augmented**

2015 年知名車廠 BMW 發表 Mini Augmented Vision（圖 2.51），配合 BMW 車款系統，將汽車導航和相關資訊做一個很好的整合：導航、平視汽車資訊、X 射線視圖等，以及其他汽車停駛功能，產品定位力求完整與明確。除了提供完整的行車資訊，Mini Augmented Vision 也有亮眼流行的外觀（圖 2.52）。

圖 2.51：**Mini Augmented Vision** 外觀造型風格時尚亮眼。

取自網路 http://www.autoguide.com/auto-news/2015/04/mini-
augmented-vision-concept-gives-you-x-ray-vision.html

圖 2.52：**Mini Augmented Vision** 其他按鍵細節。

取自網路 https://www.gizbot.com/wearable-technology/features/bmws-stylish-mini-
augmented-reality-vision-glasses-in-pictures/articlecontent-pf60411-034089.html

　　Mini Augmented Vision 產品主要滿足行車時的需求，例如汽車導航（圖 2.53 左）：輸入目的地點時，用平視的方式引導使用者前進，使用性更自然、可集中行車注意力更安全；在行駛的過程中，導航顯示前後一英里或公里距離，使用者可了解從當前位置到車輛、或是車輛到最終目的地；行駛過程中以一目了然行車的速度、速度限制、相關行車資訊等；除了安全地提供即時資訊，停車、取車也是使用者重要的需求之一，為了增加停車機率與方便取車，網路系統會即時顯示

停車投影地圖，並且引導使用者找到停車位或車子。最後，還有仿 X
射線透視功能（圖 2.53 中），可穿透汽車門板或死角，方便判斷和增
加安全性。由以上的功能可知，此智慧眼鏡產品可為 BMW 的車款帶
來加分作用。

圖 2.53 左：
**Mini Augmented
Vision** 導航介面。

取自網路同（圖 2.52）

圖 2.53 中與右：（中）**X** 射線透視功能，可穿透汽
車門板或死角；（右）協助使用者停車。

取自網路 http://www.businessinsider.com/mini-
wants-you-to-wear-these-augmented-reality-
glasses-while-you-drive-2015-4

相關產品（三）**雙眼顯示影像之 Microsoft HoloLens**

2010 年發布的 Kinect 其實是 Microsoft HoloLens 構想之一；耕
耘五年之久，終於在 2015 年正式推出完整的構想—Microsoft
HoloLens（圖 2.54）。

可調整頭圍大小

圖 2.54：**Microsoft HoloLens** 外觀造型。

取自網路 https://www.microsoft.com/en-us/hololens/hardware

　　人雙眼的總視野將近 200°，中間部分大概有 120° 是雙眼視覺重疊區域，而 HoloLens 使用 120°×120° 的 FOV（視野）傳感器，幾乎逼近現實感，是屬於高效節能的深度攝相機，在協助偵側效果與物件跟蹤、視頻拍攝有敏銳的效果，並有高效能的 CPU 與 GPU、全息處理器（HPU），整合各種傳感集成器資料，能夠加以運算空間映射物件、手勢指令識別、語音指令識別（圖 2.55），硬體配備齊全幾乎是一台微型電腦，可以獨立操作、自由在空間行走、無須一直接著電線。

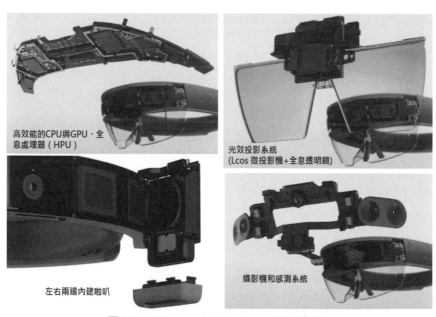

高效能的CPU與GPU、全息處理器（HPU）

光效投影系統
(Lcos 微投影機＋全息透明鏡)

左右兩邊內建啦叭

攝影機和感測系統

圖 2.55：Microsoft HoloLens 零件說明。

取自網路同圖 2.54）

Microsoft 發表 HoloLens 時，也同時發表增強現實的計算平台 Windows Holographic，還有相關的幾套軟體：Skype、HoloBuilder（Minecraft）、OnSight（NASA / JPL Mars Rover）、HoloStudio（3D model）。

「Skype」雖然是舊有的功能，但透過 Microsoft HoloLens 的加持，溝通的人如同在眼前一般與使用者對話，不需要手持設備、不需要鍵盤輸入，只要專注在話題上即可，還可以直接用簡易符號解說問題，便利一些不擅長打字訊息的群眾，或是一些需要雙手執行工作的使用者（圖 2.56）。

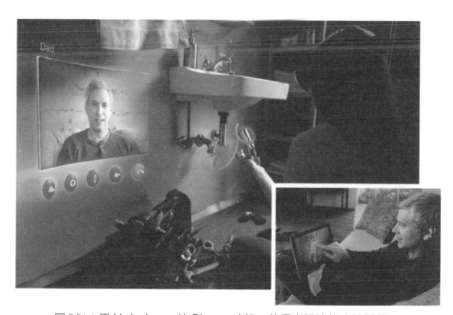

圖 2.56：用 **Holo Lens** 的 **Skype** 功能，使用者解決修水管問題。

取自網路 https://m.windowscentral.com/i-tried-microsofts-hololens?page=2

「HoloBuilder」可讓使用者在指定空間內建立一個虛擬的 Minecraft 立體世界。特色是將螢幕上的平面訊息拉到室內空間中（圖 2.57），並且可自行安排在空間的順序性，並和空間內的立體傢俱結合使用，可將資料或程式安置在書架中、地板上…等等，跳脫過去的螢幕框架，讓使用者自由方便地取讀高科技；還可以在牆壁或長凳上吹出虛擬洞，提供一個如同神化般的自我創造世界。

圖 2.57：用 **Holo Lens** 的 **HoloBuilder** 功能，創造自己的虛擬世界。

取自網路同（圖 2.56）

「OnSight」軟體工具，是 Microsoft 與美國國家航空暨太空總署（NASA）噴氣推進實驗室（JPL）合作開發的軟體工具，可以提供 3D 模擬環境，與 HoloLens 頭戴設備一起配合使用，用來規劃任務活動，以觀看、交互指令的方式達到模擬的效果；NASA 使用「OnSight」重新整合出「Curiosity」火星號所偵側的環境數據（圖 2.58），重現模擬環境於科學家面前，方便理解火星環境與遠距操控開發。

圖 2.58：**NASA** 使用「**OnSight**」重新整合出「**Curiosity**」
火星號所偵側的環境數據。

取自網路 https://www.technobuffalo.com/2015/01/21/check-out-
how-nasa-is-using-microsofts-hololens/

　　HoloLens 還有一套 3D 建模軟體「HoloStudio」可搭配使用，可
以將檔案輸出成 3D 列印的格式，試著讓使用者更容易享受 3D 模型
的樂趣。基本功能如建構、旋轉、添加、調整大小…等，可以創造一
個新檔或是套用現有的組件檔案，完成檔案後只需要按下發送給 3D
模型公司，過些時日即可收到模型玩具，提供給模型藝術家或是愛好
者方便創作（圖 2.59 左）；而這套軟體更長遠的野心是輔助製造設計
（Autodesk Fusion 360）產品的族群，希望透過 Holo Lens 可以確
認產品在現實世界的實際大小與樣貌（圖 2.59 右），更希望透過簡易
的指令將複雜的工程迅速呈現效果。

圖 2.59 左：用 **HoloStudio** 功能設計自　圖 2.59 右：輔助製造設計產品。
己的 **USB** 隨身碟。

取自網路 https://m.windowscentral.com/i-tried-
microsofts-hololens?page=2

2.3.2.2　智慧型頭盔（浸入式顯示）

　　浸入式（Immersive）智慧型頭盔的應用偏向遊戲、娛樂市場（圖
2.60），通常會獨佔配戴者的視覺範圍，無法一邊看到實境和虛擬圖
像；通常使用智慧型頭盔產品的族群，往往會為了虛擬實境互動效
果，再配上其他環境硬體配備，徹底享受虛擬互動。

圖 2.60：**Sony VR** 智慧型頭盔示意圖。

取自網路 https://www.slashgear.com/sony-project-morpheus-
release-set-for-2016-with-120hz-display-03371922/

　　智慧型頭盔的軟體服務多為 CG 動畫（3D 特效）或是 360° 全景照片（或影片），來達到獨占全視覺得目的，所以硬體體積和重量相對智慧型眼鏡大；通常這類裝置也會提供不錯的音效功能，讓配戴者可以更沉浸在頭盔所營造的虛擬空間，故智慧型頭盔多被用在須要全程引導配戴者的環境裡，常見的應用活動便是 VR（Virtual Reality- 虛擬實境）的遊戲（圖 2.61）。

圖 2.61：**VR 智慧型頭盔軟體遊戲虛擬示意圖。**

取自網路 http://fftech.net/tag/virtual-reality-gaming/

　　智慧型頭盔主要目的就是「透過視覺取代現實、讓配戴者處身在一個完全虛擬世界中」，除了裝置會獨佔配戴者的視覺觀感，盡可能讓配戴者專心於裝置體驗中、屏除外在干擾，還會透過環境設備刺激其他觀感，比如模擬像鳥一樣飛行時，可讓配戴者趴躺在設備上感覺身體的平衡感變化（圖 2.62 左）；因此頭盔裝置往往可以配合軟體遊戲，點燃其他周邊設備商機。

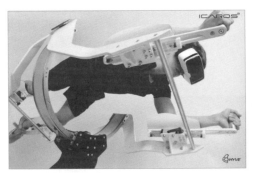

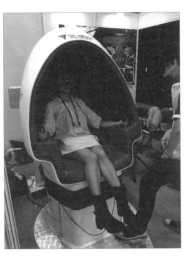

圖 2.62 左：**Icaros** 設備模擬探索空間，飛過
亞馬遜或進行深海潛水。

取自網路 https://www.psfk.com/2015/06/virtual-
reality-workout-hyve-icaros-bodytainment.htm

圖 2.62 右：**VR 360°** 海盜船。

取自網路 https://www.cool3c.com/
article/107172

相關產品（一） Oculus Rift

　　Oculus 創辦人帕爾默 · 拉奇（Palmer Freeman Luckey）在 2012
年八月，以追求高畫質的 VR 遊戲體驗為號召，透過「群眾募資」
（Crowdfunding）平台獲得資金，於 2013 年完成第一代開發套件
「Development Kit 1」；隔年又發表更高畫質的「Development Kit
2」；2016 年則讓產品導入市場，發表了「Oculus Rift」，此產品必
須使用連接線接上裝有 Microsoft Windows（7SP 或以上）的個人電
腦，執行 Oculus 平台的遊戲軟體後才能運作，並且搭配 Oculus
Touch 體感控制器操控（圖 2.63）。

圖 2.63：**Oculus Rift** 智慧頭盔與 **Oculus Touch** 體感控制器。

取自網路 https://www.microsoft.com/en-us/store/locations/oculusrift

Oculus Rift 產品雙眼各使用一片 OLED 面版，每片解析度具有 1080x1200 dpi，擁有 110°FOV；OLED 面版更新率達 90 Hz，幾乎勝過高品質影片（HDTV）所提供的 60 Hz 效果，最低反應時間約 2 毫秒的速率，降低造成視覺暈眩的效果（圖 2.64 左）。Oculus Rift 結合了高更新率、全部更新與低反應時間等性質，能讓使用者不會感受到一般顯示器上所發生的動態模糊、或是顫動等不好的體驗。

Oculus Rift 具有 6 個自由度的完整旋轉與位置追縱功能，稱為「星座」（Constellation）位置追縱系統，提供精確、低延遲、約毫米等級的偵測效果；Oculus Rift 在兩個行動偵測器支持下，活動偵測範圍約 1.5 平方公尺左右。

Oculus 公司為了讓使用者能完全投入虛擬世界，完整設備必須掌控聽覺震撼、行動偵測和震動回饋，盡可能精準又敏銳將實境、虛擬完全合一，於是發展重型設備，滿足重度玩家的最高需求，推出了環境設備「Virtuix Omni」，整套系統完整搭配，達到射擊遊戲臨場效果（圖 2.64 右），比如走動時的動態回饋、身體震動。

圖 2.64 左：**Oculus Rift** 智慧頭盔與其虛擬畫面效果。

取自網路 http://www.roadtovr.com/oculus-rift-creator-dont-get-hyped-possibility-seeing-vr-input-gdc-2015/

圖 2.64 右：**Oculus** 智慧頭盔與 **Virtuix Omni** 身體感應裝置結合，營造更逼真的臨場感。

取自網路 http://opticsgamer.com/virtual-reality-gaming-consoles-the-impact-community/

　　Oculus VR 主要針對遊戲體驗群銷售，但是也經營 VR 影片生態系，跨足 Twitch、Vimeo 等平台，還有一些美國媒體如 BBC、CBS 的 VR 新聞，或是由 GoPro、Red Bull 提供的運動賽事即時串流 VR 影片。

　　從 Oculus VR 一系列的發展過程中，本身的優勢以經受到不少企業的注目，在 2014 年春天時，社交平台公司 Facebook 以 20 億美元收購 Oculus VR，意圖除了掌握遊戲界的市場，還要拓展在人際互動通訊、媒體娛樂、教育訓練等領域。

而價錢方面，Oculus Rift 原本要價 599 美元，Oculus Touch（2支）要價 199 美元；Oculus 公司為了加強普及化產品，在 2017 年夏天將兩者組合成約 499 美元的價位。

相關產品（二）Sony PS VR

比 Oculus Rift 更早進入 VR 生態的企業 -SEC（索尼互動娛樂），在2014 年發表以輕巧為特色（約 610 公克）的「Project Morpheus」（圖 2.65 左）以及 PS Move 控制器，這項發表並非獨立產品，而是自家「Play Station 4」（PS4）主機的周邊配備，Sony 隔年更宣告產品名稱為「Play Station VR」。

圖 2.65 左：**2014 年 Sony 發表的「Project Morpheus」產品、Play Station Camera 與 PS Move 控制器。**
取自網路 https://www.playstation.com/en-au/explore/playstation-vr/

圖 2.65 右：**Sony PS VR 操作時的情境。**
取自網路 http://www.hkgnews.com/39888/

Sony PS VR 約 100° FOV，左右兩眼的畫面解析度約 960×1080dpi，刷頻率約 90 Hz，須搭配主機「Play Station 4」、偵測器「Play Station Camera」、操控器「PS Move」，偵測活動面積約 1.9 乘於 3公尺平方左右；除了 VR 遊戲，Sony 還強調 PS VR 可提供劇院模式（Cinematic mode）享受電影，營造 2.5 公尺距離看 226 吋螢幕的感覺。

Sony PS VR 與 Oculus Rift 比較之下，Oculus Rift 提供較好的畫質，但是總價也高，而 Sony VR 的運算性能雖受到 PS4 限制，無法像 PC 電腦自由替換硬體，但是也有 PS4 既有的市場族群可以發揮（2017 年已經累積銷售超過六千萬個 PS4），加上 Sony PS 耕耘全球、日本遊戲生態已久，Sony PS VR 又試圖以較低價格策略（單機約 350 美元）推進市場，讓持有 Play Station 4 的族群增加添購意願，況且主機本身具有很多 VR 遊戲主題，消費者更加躍躍一試 VR 的遊戲世界。

相關產品（三）HTC VIVE

2015 年 HTC 與擁有最大遊戲下載平台「Steam」的「Valve」公司合作，發表「HTC Vive」，同 2016 年四月開賣。「Steam」遊戲通路平台的全球登錄用戶高達一億兩千五百萬人（2015 年 Steam 在 GDC 上宣布），結合大小型遊戲開發商，至少有四千五百萬多種遊戲，對 PC Game 市場有絕對的影響力，因此 HTC Vive 可能會是帶動 PC VR Game 的重要關鍵產品。

HTC Vive 頭戴裝置擁有 110° FOV、32 個感應器實現 360° 動作追蹤、裝置的螢幕都具有 90 Hz 的刷新速率、單螢幕約 1080 x 1200 dpi 解析度，HTC Vive 必須與電腦連線，與偵測機距離約 2.5 平方公尺之內有互動性。HTC Vive 有別 Oculus 主攻重度玩家的策略、或是 Sony PS 遊戲主機系統，只要是對 VR 有興趣的玩家，可以直接買 HTC Vive 的裝置連接 Microsoft Windows（7SP 或以上）桌機系統，而 HTC Vive 使用 Lighting House（定位技術數據運算）來

定位裝置和偵測，所以除了 HTC Vive 頭戴裝置，還有兩個手握裝置、和放置在環境中偵測行動的立方體感測器（圖 2.66 左）；HTC Vive 剛發行的價錢約 800 美金，因為受到 Oculus Rift 降價影響，2017 年也降價約 600 美元左右。

圖 2.66 左：**HTC Vive** 一整組套件產品照片。
取自網路 http://www.theverge.com/2016/1/5/ 10714522/htc-valve-vive-pre-v2-development- kit-ces-2016

圖 2.66 右：使用 **HTC Vive** 產品情況照片。
取自網路 http://hotnshare.com/?p =14781

相關產品（四）Samsung Gear VR

除了主攻重量級玩家級的 Oculus、Sony 等 VR 廠商，2014 年 Samsung 與 Oculus VR 合作軟體部分，推出只要透過手機螢幕即可升級成 VR 裝置的 Gear VR（圖 2.67 左）。

配戴者需要將手機（適用型號包含 Galaxy Note 5、S6、S6 edge、S6 edge+、S7、S7 edge、S8）依照步驟安置在 Gear VR 前方，立即可開始使用。2014 年所發表的 Gear VR 裝置重量僅有 318 公克（不

含手機），具有 96° FOV，加上 Samsung 的 AMOLED 顯示器面板、
60 Hz 的刷新率，所以 VR 視覺效果還不錯；在裝置的右側有一塊方
形觸控板、後退按鈕和音量鍵，其中觸控板是用來點按選擇，後退鍵
則有著退出軟體和開　穿透模式的作用；Gear VR 有 Micro USB 接
口，可以讓手機充電、方便使用時間不間斷；眼睛周圍有一個厚厚的
襯墊，有助於出音孔保持在適當的位置、並遮擋不必要的光線。

　　2017 年 Samsung 持續更新 Gear VR 產品，外觀保持類似的風
格；視角擴充到 101° FOV，重量維持 345 公克，人體功學部份也增
加細節，提升配戴的舒適度、穩定度。

圖 2.67 左：**Samsung Gear** 概念來自結合自
家品牌手機，以及特製的頭戴裝置達到 **VR**
效果。

取自網路 https://news.samsung.com/global/
samsung-explores-the-world-of-mobile-virtual-
reality-with-gear-vr

圖 2.67 右：**Samsung Gear** 尚未
放上 **Samsung** 手機的照片。

取自網路 http://techstory.in/google-
to-tackle-gear-vr-9022016/

　　Samsung 雖然沒有充足的遊戲體系可以提供給消費者體驗，但是它推出 Samsung VR 平台（圖 2.68），內容多以觀賞的互動為主，與紐約時報、CNN、MLB（美國職業棒球大聯盟）、華納兄弟、Sygic 旅遊、Baobab 工作室（虛擬動畫）、X Game（極限遊戲實況）…等合作，提供影音類的服務居多。

圖 2.68：**Samsung VR** 平台 / **Samsung VR** 平台提供的 **VR** 音樂演唱會影片。

取自網路 https://samsungvr.com/

　　Gear VR 是當下各種 VR 銷售方案中，較為親民的一款裝置（約110 美元左右）；此外，對於大眾來說，利用手機作為主機與顯示器，可方便轉身使用、無連接線干擾，安裝容易理解、隨時都可帶出門體驗遊戲，需求相當貼近市場。

相關產品（五） Google Cardboard

　　緊追在這種商業模式的是 Google Cardboard（圖 2.69），Google公司祭出了最便宜的紙盒裝置，定價約 10 美元左右；第一版 Google Cardboard 可搭配約 5.5 吋大的智慧手機（無限制品牌）使用，手機的基本系統必須要有 Android 4.1、或是 iOS 8.0 的版本，並且需要下載 Google Cardboard 應用程式後才能使用。

第一版 Google Cardboard 裝置內有 25mm 非對稱雙凸透鏡、焦距約 45mm 左右，只提供約 80°～ 90° FOV，觀看視野較其他 VR 裝置小；裝置以紙板為主，需要使用者自行組裝，透過裁切紙板、磁鐵、魔鬼氈接合、橡皮筋固定等，使用方法與 Samsung Gear VR 差不多，顯著的差異則是低價材質與不完整的配戴方法，配戴者需要自行用手在眼前扶戴裝置，舒適性不太適合長時間使用，Google Cardboard 的商業策略很適合嚐鮮 VR、觀看短影片的使用族群。

圖 2.69：**Google Cardboard** 眼部紙盒裝置與拆件圖。

取自網路 https://www.techbang.com/posts/22565-google-cardboard-diy-head-mounted-virtual-reality-display-device-3d-movies-3d-screen-browsing-the-computer-maps-are-no-problem

Google Cardboard 的行銷方式也影響了一些品牌商，引用來作為二次利用（圖 2.70 左）或是打廣告的包裝盒（圖 2.70 右），藉此行銷品牌印象。Google Cardboard 低價又可以自行組裝的特色，在教育界也很受歡迎，教育人士宣導課程時，學生覺得課程活動變得活潑許多，Google 鑒於這樣的商機需求，推出 Expenditions 計劃，提供 VR 虛擬的實地考察課堂體驗，彌補一些學校無法抵達的地方課程，因此歐美國家的教育界常拿 Google Cardboard 來當作教學工具。

圖 2.70 左：**Coca-Cola** 飲料紙盒可以再次折疊成為 **VR** 裝置盒。

取自網路 http://9to5mac.com/2016/02/23/coca-cola-cardboard-iphone-vr-viewer/

圖 2.70 右：**McDonalds** 快樂餐盒搖身一變成 **VR** 裝置盒。

取自網路 http://vrnia.com/2016/03/05/mcdonalds-happy-meal-vr-box-called-happy-goggles/

　　Google Cardboard 提供的官方應用程式，適用初次體驗虛擬實境的 Android 或 iPhone 使用者，主要以觀看為主，服務程式有 Cardboard APP、Cardboard 相機（重現拍攝的 360° 場景）、YouTube 線上 360° 影片、Proton Pulse 敲磚遊戲、現場音樂會 VR…等。從 2014 年發表第一代到現在第三代 Google Cardboard，Google 的 VR 生態發酵三年多後，2017 年春天的統計總銷量已經超過 1000 萬個，並有 1.6 億個 Cardboard 應用程式上線。

　　（備註：Google 鑑於自己的 VR 生態成熟許多，在 2016 年秋季推出 Google Daydream 平台、Google Daydream VR 輕質布料的頭盔。）

2.3.3 智慧紡織品

過往智慧紡織品的研發一直受限於材料和充電問題，用水洗滌會因此受限，現在因為材料上有所突破，讓智慧衣可以多次以水洗滌，及未來可使用無線充電或超級電容而前景希望無窮。美國三大運動服飾商 Nike、Under Armour、Adidas 都已進入智慧穿戴裝置的領域。

而台灣紡織綜合產業研究所從 2003 年開始研究感測技術，在長期研究下，不但有了各種優秀技術：金屬線混紡的導電纖維、LED 發光纖維、感測紡織、能源紡織、光纖紡織、石墨烯紡織，而且已有超級電容材料可以蓄能（用一種石墨偏於石墨烯的材料），已經在 2011年獲得 R&D 100 肯定，達到全球第 16 名的水準。紡織所更努力參與國際標準訂定：目前結果得到 FTTS-GA-155 台灣 LED 歐盟標準pas10412（2015 年 智慧衣國際產業規範：主動式的警示服飾）。另外，紡織所累積了一百多項專利權，專利發展非常完整。這都顯示我們台灣在紡織材料有獨到不輸給歐美的技術。而台灣也成立了智慧紡織聯盟，潤泰、宏遠、AiQ（南緯）、三司達、萬九及承大科技都是成員，把他們的技術透過產業界實作產品。

目前智慧紡織品在各國主要的用途偏專業用途、娛樂休閒用途及健康醫療用途。智慧紡織品除了紡織所及開廣自行研發的 RFID 救火衣，我們底下所提到的健康醫療級的產品大多台灣沒有進口，所以我們只能提供示意圖給大家，這可能因為台灣在運動方面的注重程度不如歐美及較少引進醫療級智慧紡織品所致。

2.3.3.1　專業用途

相關產品（一）台灣開廣 RFID 消防衣

　　開廣自行研發了的「Super Armor 701-I 消防衣」（圖 2.71），內嵌 RFID 晶片，以作庫存紀錄與警備追蹤用。並在 2015 年德國漢諾威消防安全展展出。

　　這件消防衣可洗 200 次，承受攝氏 185 度烘乾流程，600-800 lbs 重壓，而修補與清洗的記錄也會記錄在 RFID 中。而此 RFID 消防衣品質優良並通過美規 NFPA 認證及歐規 EN469 認證。品質優良是可跟歐美大廠競爭的。

圖 2.71：開廣 Super Armor 701-I

取自網路 http://www.interschutz.de/product/super-armor-premium-701-i/622594/T671528

相關產品（二） 台灣紡織所智慧消防衣、警用背心與 LED 紗線夾克

2015 年與 2016 年的 Computex 展覽上，台灣的紡織產業綜合研究所（以下簡稱紡織所）推出了專門為消防員製造的「智慧防火衣」，耐高溫、15 秒不動就會發生求救聲響、感測穿著者心跳／體溫／呼吸／跌倒／靜止等功能，以及 USB 可連接智慧手機成為火場行動熱顯像裝置，通過 EN469 歐規認證。

另外紡織所所研發的「智慧警用背心」搭載了攝影模組，警察設定的拔槍時機到時就會開始錄影，減少警察用 DV 蒐證的麻煩，獲得更多的保障，令人印象深刻。

紡織所開發出的智慧衣中擁有 LED 紗線（圖 2.72）、導電纖維技術及完整專利權，接下來在此領域的發展上很有希望。且在智慧衣的技術上已有世界一流水準，這對台灣是好消息。

圖 2.72：紡織所研發出的 **LED** 紗線夾克

http://twtechtextil2011.pixnet.net/blog/post/48712132-aiq-exhibitiors

2.3.3.2　娛樂休閒

從穿戴式裝置的歷史，可以得知智慧衣有很多的用途大多是與手機或 iPod 連接，提供音樂娛樂用途。或是具備 LED，在黑暗中可以顯示亮光及指示方向。

相關產品（一）台灣紡織綜合研究所的智慧手套

紡織綜合研究所在 2016 年、2017 年 Computex 展示出可以遙控無人機的智慧手套（圖 2.73）。

用手套的拇指與食指按接後，無人機就起飛，手套動作，無人機也跟著動作，簡單直覺。

這樣的手套接下來有很多想像空間，搭配可引發壓力、溫度與觸覺的智慧緊身衣和 VR 頭盔，可以讓消費者在虛擬實境中不只有視覺、聽覺，還有觸覺的享受，這的確有很大的想像空間。

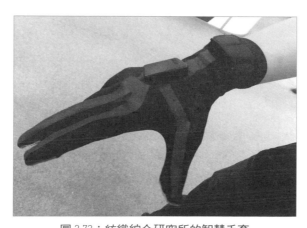

圖 2.73：紡織綜合研究所的智慧手套

取自網路 https://www.youtube.com/watch?v=NG_ns7o6VTg

相關產品（二）Visijax 通勤智慧夾克

　　騎腳踏車在晚上常因為光線不足而遭致危險，針對這個問題 Visijax 專為騎腳踏車的朋友設計這款「Visijax 通勤智慧夾克」（圖 2.74），它具備 23 顆高亮度 LED（前面白光、後背紅光），在中間夾縫三下處按則啟動這些高亮度 LED，還具備轉向指示燈，轉向時舉起該方向手臂就會亮，再舉起該手臂就可以取消，這樣後方的人就知道你要轉向，很方便。搭配可取出式 USB 充電式鋰電池。鋰電池充飽後可運作 30 個小時，而取出鋰電池就可以直接洗滌。特別是透過激活後的 ICEid 可做到緊急狀況的聯繫，可說是針對腳踏車族兼具夜間安全及緊急安全通知的好產品。

圖 2.74：Visijax 通勤智慧夾克

取自網路 https://www.pinterest.com/pin/281123201716522814/

2.3.3.3　健康醫療

運動員很容易有運動傷害，透過運動用智慧紡織品主要著重於量測運動員的心跳、呼吸、步數等運動狀況，甚至可透過施加壓力讓運動員加速恢復，這樣就可以降低運動傷害，甚至可以幫助自我教練。對一般人當然可以透過同樣的工具來做自主健康管理。

2014 年 Computex 展覽上，台灣的紡織所展出了「女性慢跑智慧衣」（圖 2.75），這款智慧衣把偵測到的心率透過藍芽傳給智彗型手機或智慧手環／手錶，更具有高度彈性、肌肉支撐、透氣涼感、吸汗快排，讓人穿著很舒適。

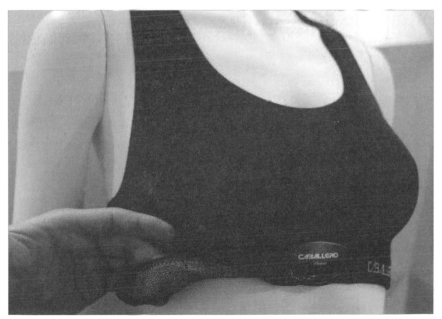

圖 2.75：**Computex 2014 紡織所展出的女性慢跑智慧衣**

取自網路 http://phys.org/news/2014-06-smartwear-revolution-healthier.html

相關產品（一）潤泰 Corpo X 智慧衣

這是潤泰集團在台灣的紡織綜合研究所協助下完成的智慧衣，現在已經可以在通路上買得到。

它的設計打破緊身衣與運動衣的設計，而為寬鬆型的智慧衣（它的文案說它是世界上第一件），以舒適為主。搭配它自行設計的 Corpo X 智慧感測 APP 使用，能量測穿著者的心跳、呼吸等生理資訊、及運動消耗的卡路里、計步，特別連姿勢異常都可量測得到。

因為是跟紡織綜合研究所合作的，未來計畫與醫院串接，提供更多照顧服務。

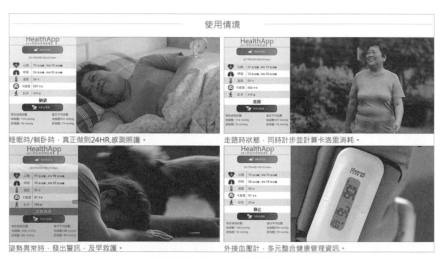

圖 2.76：**Corpo X 智慧衣**

取自網路 https://www.fashioncookie.com.tw/en/product/for/corpox/cool/smart/112175000711900M

相關產品（二）Hexoskin 智慧衣

「Hexoskin 智慧衣」（圖 2.77）整合了感測器，可以量測心跳速率（EKG）與呼吸速率，量測睡眠狀況與整合成鍛鍊狀況，然後記錄、整理成個人健康資訊。這件智慧衣充電後有 14 小時的使用壽命，利用藍芽可以跟 iPad、iPhone 及 Android 作業系統的智慧型手機、平板互通。

這件智慧衣是由特殊的義大利織料構成，而且可以用洗衣機清洗，衣服具備快乾、防臭、清、涼爽、耐氯及防 UV 等功能，可應用在自主健康管理、健身、高齡健康管理等方面。

圖 2.77：Hexoskin 智慧衣

取自網路 http://www.hexoskin.com/

相關產品（三） Adidas miCoach 系列服裝

這一系列針對男女有不同的服裝，針對女性的是 Adidas miCoach 無縫運動胸罩，針對男性的是 Adidas miCoach 男性訓練短袖運動衫（圖 2.78）。

這兩件衣服，都具備心率感測功能。女性的無縫運動胸罩採用流線型設計，具托住胸部降低回彈的效果，纖維採用吸濕排汗的萊卡布料讓衣服快乾涼爽。男性訓練短袖運動衫具備透氣功能讓衣服乾爽舒適，軟編織減少皮膚發炎和刺激性。兩者都用藍芽或 ANT+ 的技術傳遞感測器的資訊給智慧型手機或智慧手錶。

這兩件衣服是 Adidas 針對訓練發展 miCoach 工具系列的其中一部分。miCoach 系統是 Isobar 幫 Adidas 打造的系統，使用一個小晶片嵌入運動員的衣物中，以提供運動員的運動細節資訊，像是心率、壓力等級和速度等。

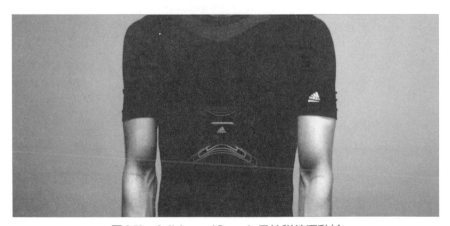

圖 2.78：**Adidas miCoach** 男性訓練運動衫

取自網路 http://www.runningshoesguru.com/2014/11/numetrex-adidas-micoach-mens-training-shirt-short-sleeve/

相關產品（四） Under Armour39 胸帶

　　一般心跳帶只能偵測心率，這款「Under Armour39 胸帶」不只如此。它可偵測你的心率、消耗的卡路里、即時強度，然後自動傳輸到智慧型手機上的 MapMyFitness APP，Armour39 APP 或是智慧手錶上儲存。對運動員很方便。

　　它的電力是使用長效鈕扣電池。藍芽傳輸範圍為 15 英呎內。電力長達 16 小時。

　　「Under Armour39 胸帶」（圖 2.79）只是 Under Armour 在穿戴式裝置的一小部分。Under Armour 在 2015 年起宣示要全力進擊穿戴式裝置，首先，它在 2014、2015 兩年在各類健身與營養類 APP（MapMyFitness、Endomondo、MyFitnessPal）投資了 7.1 億美元，因此擁有了 1.5 億人的運動健身社群 Connected Fitness。在 CES 2016 年又展示了「UA HealthBox 運動手環」、「心率監測帶」和「智慧型體重機」及「UA Smart shoes 智慧型跑步機」。

圖 2.79：**Under Armour39 胸帶**

取自網路 https://www.engadget.com/2013/06/12/
underarmour-armour39-review/

智慧襪 Sensoria

　　Heapsylon 公司針對全球慢跑人口每年約有 6 成下肢會受傷，發展出「Sensoria」智慧襪（圖 2.80），「Sensoria」智慧襪含有一種特殊的纖維，將三軸加速器等感測器與襪子相連，讓襪子得以記錄使用者的步伐、路程、跑步時間等常規資訊透過藍芽傳給智慧型手機，幫助用戶達成他們的跑步目標，不僅如此，它還能記錄用戶的站姿、跑步節奏、腳的著地部位、平均步幅等資訊。

　　配合襪子的專屬 APP 使用時，如果跑步姿勢不正確，用戶還會收到 APP 的通知。若是腳部受傷，還可以分析你受傷的情況，並檢驗你的恢復情況。

圖 2.80：Sensoria 智慧襪

取自網路 http://www.sensoriafitness.com/

相關產品（六）智慧鞋墊 profileMyRun

對一個運動員而言，好的跑步姿勢很重要，如果用了錯誤的跑步姿勢，會產生沒效率的動作，還很容易造成運動傷害。

美國 Palo Alto Scientific 公司開發出「profileMyRun 智慧鞋墊」（圖 2.81）來感測跑步運動員的姿勢，它會告訴跑者跑了多長時間與公里數，並可以即時監測跑者的跑步技巧。透過超薄鞋墊上的九軸加速度感測器，將感測到的數據傳回給智慧型手機上的 APP，分析跑者的跑步姿勢、速度、腳步著地狀況和身體傾斜情況。並給予參考建議，找出跑者最適宜的跑步模式。

具備可充電電池組，充電 30 分鐘就可以完成。

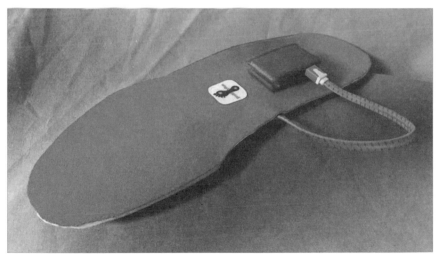

圖 2.81：**profilemyrun** 智慧鞋墊

取自網路 https://www.sporttechie.com/profilemyrun-is-brining-running-science-to-everyone/

相關產品（七） Mimo Onesie 嬰兒衣

新生兒的父母最擔心嬰兒的狀況，尤其有些嬰兒因為翻身或被衣服蓋住而窒息，或是掉落嬰兒床下，就有生命危險。如果有可以偵測嬰幼兒狀況隨時傳回的智慧衣，那父母就可以由觀測智慧手機上的顯示而安心了。

「Mimo Onesie」（圖 2.82）是專為嬰幼兒設計的智慧衣，可以追蹤各類生理訊號，透過一個烏龜形狀的傳感器，其中包含兩個呼吸傳感器和可移動的運動傳感器，監測呼吸模式、體溫、睡眠時身體位置…等等訊息，也可以如傳統嬰兒監視器依樣將聲音傳到基礎單元。

傳感器是跟基礎模塊進行通信，基礎模塊再連到智慧型手機。

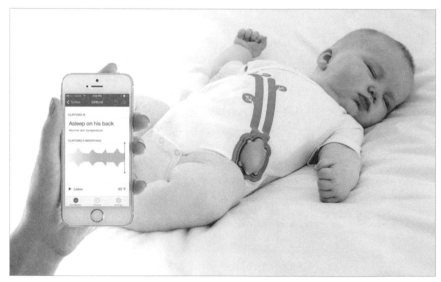

圖 2.82：**Mimo Onesie** 嬰兒智慧衣

取自網路 http://smartwatches.org/wp-content/uploads/2016/02/
wearables-for-your-baby-Mimo-Onesie-vitals-monitor.jpg

相關產品（八） Active Protective 衝擊防護氣墊

　　每年三個 65 歲以上的年長者中就有一個會跌倒，年長者跌倒，往往會有骨折等很大的傷害。針對年長者，如能在偵測其摔倒時及時產生防護，就可以避免更進一步的大傷害。

　　「Active Protective」（圖 2.83）是透過穿戴式裝置的科技，針對年長者、軍人及高危險工作的人士給予緊急防護。透過三維運動感應器，在感應使用者跌倒或爆炸時，在腰間配置的產品可以在瞬間產生3D 氣墊，以給予緩和衝擊的力道。

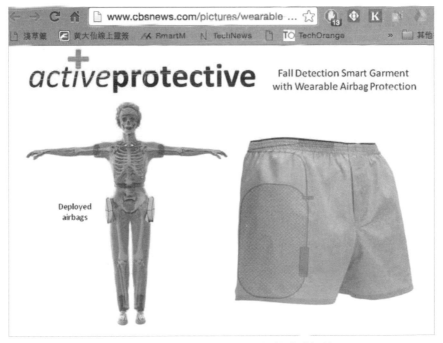

圖 2.83：Active Protective 衝擊防護氣墊

取自網路 http://www.cbsnews.com/pictures/
wearable-tech-at-sxsw-2014/9/

相關產品（九） HealthWatch 的「Hwear 數位服裝」

　　HealthWatch 技術公司是一家醫療技術設備公司。「Hwear 數位服裝」（圖 2.84）是一件智慧型針織衣，利用他們的技術，電極交織且衣服能導電。透過這個特性，醫院能以此件衣服監測病人的心臟與心率變化，而且同時能使用心臟除顫器，緊急時啟動可增加病人存活的機率。另此衣服可直接用洗衣機清洗。

　　此服裝有五種尺寸：M ／ L ／ XL ／ XXL ／ XXXL。

圖 2.84：**Hwear** 數位服裝

取自網路 http://www.personal-healthwatch.com/

相關產品（十） Quell 智慧繃帶

由 NeuroMetrix 公司花了 15 年開發出來的疼痛控制產品「Quell」智慧繃帶（圖 2.85），外型如同一般繃帶，將它纏繞在小腿上方就能控制全身性的慢性疼痛，也可以用手機 APP 來控制治療深度。其原理是透過刺激小腿的感覺神經，當神經脈衝傳到腦部之後，腦部會產生鎮痛物質（類似嗎啡分泌物），進而阻斷全身疼痛。

它也是第一個拿到 FDA 核准在睡眠時能使用的疼痛控制器，能偵測使用者是否在睡眠的狀態，以確保在不干擾睡眠的情況下，同時又能控制疼痛。這項非藥物控制疼痛的裝置，只需使用 15 分鐘就能緩解疼痛。

此外，它還能透過 APP 紀錄白天、晚上、睡眠時所需的刺激量，並調整到適合的程度，同時也會監測睡眠的狀況，同步控制治療的深度。

此貼片設計輕巧，方便攜帶。

圖 2.85：**Quell** 智慧繃帶

來源：Wikipedia CC 授權 作者：Garymonk

相關產品（十一） 台灣紡織所的心臟復健輔助系統「Cardio Care」

這個是紡織所在 2014 年 Computex 與 2015 年 Computex 都有展示的另一件醫療復健用紡織品「Cardio Care」（圖 2.86），透過具支撐效果的針織結構布，結合胸骨支撐器，加上生理感測器，將感測器量得訊號再傳出給應用程式，就可以偵測心臟開刀者復健效能。

這件智慧衣也獲得 2014 年德國紅點設計大獎與台灣金點設計獎的最佳設計。

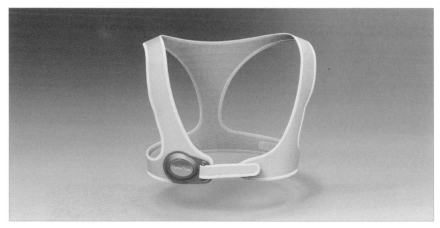

圖 2.86：**Cadio Care** 醫療復健智慧衣

取自紅點網站 http://red-dot-21.com/brand/
taiwan-textile-research-institute-ttri/

相關產品（十二） Tipstim 手套

透過現代科技，很多治療變得簡單而且方便，連復健都可以輕鬆完成。Tipstim 這家德國公司，針對腦中風患者設計了此「Tipstim 智慧型手套」（圖 2.87）。透過內含的織物型態的電極，讓脈衝發生器

透過手套來刺激手指，脈衝則透過手指神經傳遞到腦部，以刺激腦部損害的部分，這樣手可以慢慢重獲知覺，逐漸可以活動。治療過程無疼痛感且只需一天一小時復健。可在任何環境下進行，除進行復健療程時該手必須戴著手套不動的限制外，無其他問題。

圖 2.87：Tipstim 手套

取自網路 http://www.tipstim.de/

相關產品（十三）智慧皮帶 Belty

「Belty」（圖 2.88）是法國團隊 Emiota 開發的智慧皮帶，在 CES2015 中展示。這款智慧皮帶內建加速度感測器及方向感測器，以此蒐集使用者腰圍與健康資料，並透過藍芽和手機 APP 聯繫，還有內建迷你馬達自動調整皮帶的鬆緊狀態！

當你坐下休息或是吃多東西的時候，皮帶會自動調節為較鬆的狀態，讓你不用刻意縮小腹。而它也能夠感測壓力和身體活動，在需要支撐褲／裙之時，依據你的腰圍自動縮緊。

最新版本還有幫手機充電的功能。

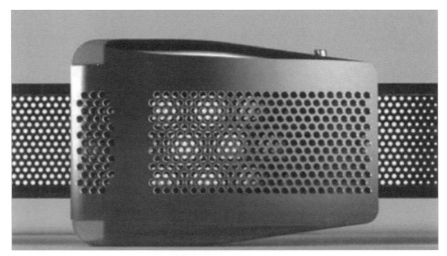

圖 2.88：**Belty** 皮帶

2.3.4　其他

1. 神念 Mindwave 腦波耳機

　　此款腦波耳機（圖 2.89）是一種很特殊的穿戴裝置，透過此裝置，每秒可以讀取 512 筆原始腦波訊號，運用這樣的訊號可以直接用腦波對電腦透過藍芽送出指令做控制。它也提供了對應的 SDK（軟體開發套件），只要改寫遊戲或教學程式的控制介面，就可以直接使用腦波控制。

神念科技在腦波偵測及心電偵測的技術十分優秀，這款可說是此公司充分利用其腦波偵測晶片展現出來的成果，蓋德跟華碩也有產品使用它們的心電偵測晶片。

圖 2.89：神念腦波耳機

取自網路 http://www.itbusiness.ca/news/personal-neuro-devices-making-smartphone-apps-that-read-your-mind/30448

2. MC10 的軟性電路 Biostamp 智慧貼片

MC10 的「Biostamp」（圖 2.90）軟性電路貼片是一個很不錯的發明，貼哪裡就量哪裡。之前它曾跟 REEBOK 合作，將此晶片放在帽子裡，這樣運動員運動時的震動就會被晶片記錄下來，可偵測到運動員是否有受到傷害性的撞擊。

此貼片正因為貼哪裡就量哪裡，所以用途十分廣泛：貼在嬰兒身上，就知道嬰兒身體是否受到不正常撞擊，貼在嬰兒心臟附近的皮膚，還可以量測嬰兒的心跳，當嬰兒有翻身不當或掉落嬰兒床下這類有可能導致生命危險的動作時，貼片可在第一時間傳回相關資訊讓父

母可以立即救援；也可以使用在一般使用者測量心率及各種運動相關
數據上。

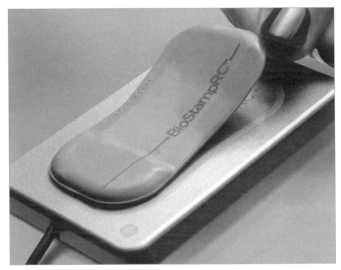

圖 2.90：**MC10 Biostamps RC**

取自網路 https://www.mc10inc.com/our-products

2.4 穿戴式裝置的應用

　　老王跑步跑完，看著手上的智慧型手錶，了解到自己跑步的心率顯
示正常，也看了總運動步數與卡路里總消耗量，「過了一萬步，達到
今天的標準了！」他滿意地笑著。

　　回到家後，老王拿出非穿刺手指血糖測試器，套上手指，並將智慧
型手錶切到血糖測試 APP，了解自己的飯前血糖值，「嗯，很標

準！」。隨後吃下早飯，吃完後，他也吃下自己的糖尿病藥，準備兩小時後量自己的飯後血糖值。

回到自己房間，他戴起去年買的 Oculus Rift 頭盔，開始欣賞自己所選的最新 3D 影片，開始享受起完全身歷其境的電影場景。

看完電影已經中午了，他開車前往自己在唸小學 2 年級的兒子的學校，並打電話給自己有智慧通話型手錶的兒子，看到智慧型手機顯示兒子的位置在學校門口，「哇！得趕快去接，他可能等得不耐煩了！」後來接到兒子，他果然哇哇叫：「爸爸，你又遲到了！」。老王笑著抱起兒子，「對不起！爸爸晚到了，不過爸爸有從手機上看到你在門口很平安的訊息，爸爸也安心了。」之後兩個人一起坐著車回家。

以上情景不再是電影裡才有，而是使用穿戴式裝置就可以達到的狀況，透過穿戴式裝置，了解自己的身體狀況，擁有個人影音獨享環境，還能了解年幼及年長家人的位置，這些已經都能實現了。

網際網路名分析師瑪莉・米克（Mary Meeker）在 2013 年的報告中指出：「下一個十年將是穿戴計算與個人資料的時代」[6]。而我們現在正感受著這個浪潮的威力。

之前聽到大家對物聯網及穿戴式裝置有很多的問題，「這會不會只是一個曇花一現的技術趨勢？」「我有智慧型手機之後，現在都不戴手錶了，會特別花大錢買一支智慧型手錶嗎？」「智慧型眼鏡 Google 就已經失敗了呀，所以這樣的東西沒用的啦！」但是隨著 2015 年蘋

6　英文原文：The next ten years will be about wearable computing and person data

果 Apple Watch 亮眼的銷售成績，及整個穿戴式裝置在 2015 年拉出超過三千萬支的出貨量，且在美國，2015 年最受歡迎的前 15 名聖誕節禮物就有 Apple Watch 跟 Fitbit 的穿戴式裝置。而南韓政府更在 2015 年 12 月 25 日提出要在 2020 年斥資 1270 億韓元（約 36 億新台幣）發展穿戴式裝置。另外，國際市調組織顧能（Gartner）也發布其預估報告，報告中指出 2020 年時穿戴式裝置會有超過五億支的出貨量[7]。

從前面章節談過的各種穿戴式裝置，可以發現目前穿戴式裝置被應用在休閒娛樂、健身管理與個人保健、健康照護、掌握行蹤，以及專業應用（火災、工業、軍事…等）方面。

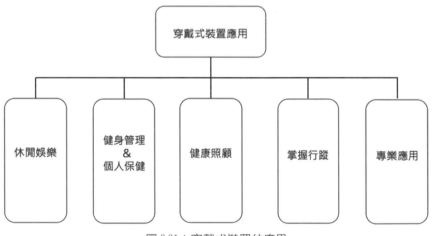

圖 2.91：穿戴式裝置的應用

7　出處：http://www.gartner.com/smarterwithgartner/wearable-technology-beyond-smartwatches-3/

2.4.1 休閒娛樂

為了講究聲光效果，我們之前都是到電影院中享受大螢幕和杜比高音質音響的效果，而更有人花大錢把自己家變成豪華的影音室來享受影音。

有更好的替代方案嗎？

在穿戴裝置中，智慧頭盔和眼鏡具備了可播放影片與 3D 遊戲功能，所以我們可以看到各家廠商投入重兵，包括 Facebook 買下 Oculus，而 SONY、HTC、Microsoft 也因認為穿戴式頭盔未來會更加蓬勃發展而開發相關產品，而這樣的裝置，本身可以讓眼前的景象非常真實，加上透過骨感傳音或立體聲耳機，可以讓人有「身」入其境的感覺，不只是玩 3D 遊戲很過癮，若是搭配適合的影片，一個人在房間裡就可以獲得很大的娛樂效果。而且影音在只有個人獨享的情況下，聲光效果其實更勝在電影院中的享受。所以，Oculus 已經跟 Netfix 簽約，將會支援 Netfix 的串流影音節目。

沒錯，穿戴式裝置在娛樂方面的應用，就是可以個人獨享。當然，透過支援 Wi-Fi 的機器，兩台可以做到影片共享（透過 miracast 的共享技術），其實就像現在去看 3D 電影一般，你也需要一隻 3D 眼鏡，才能享受身歷其境的快感。

另外，你曾想過，在水中浮潛或游泳時也可以聽音樂，而且音質很好？

台灣廠商快樂島開發出專門供運動時配戴的耳機「音樂貝殼」（圖 2.92），因為 IPX8[8] 規格提供了水下 3 公尺 2 小時防水，以及骨感傳音的功能，即便在水下也可以清楚聆聽音樂，連游泳跟浮潛時都能使用，當然也適用於騎單車與跑步。Sony NWZ-WS613 耳機也有這樣的功能，不過其防水等級為 IPX5，即水下 2 公尺 30 分鐘防水。

有了音樂貝殼，真的可以做到無論何時何地都可聽音樂了！

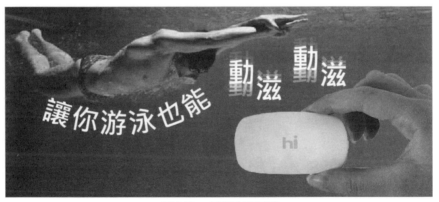

圖 2.92：音樂貝殼耳機

來源：快樂島官網

2.4.2 健身管理和個人保健

健身管理是屬於針對專業運動員與業餘運動員的活動。而個人保健則是對一般消費者的維持身材與透過知道身體資訊，而因此能做好基本疾病預防。

8　IPX 防水等級分類共分為 9 個等級，從 IPX0 至 IPX8，數字越大防水性能越強。

　　這是穿戴式裝置最大的族群，按照英國市調機構 Juniper Research 的報告顯示，健身裝置主導了整個穿戴式裝置市場，到了 2018 年消費者實際使用的穿戴裝置將會超過 7000 萬個 [9]。

2.4.2.1　健身管理

　　運動員都需要日復一日不斷的練習，但是如果能在練習時即時掌握自己的姿勢是否正確，身體是否已經進入無氧狀況，那就更可以讓訓練更有效率。在這個類別的穿戴式裝置，例如 Adidas 就推出了運動員專用智慧衣，只要運動員穿著上了這件智慧衣，就可從智慧型手機上看到自己的身體狀況。現在的專業運動員，常常配備這類的穿戴式裝置，幫助自己也幫助教練做規劃與運籌帷幄，像是 2014 年世界杯足球賽的德國隊教練就用球員身上的穿戴式裝置運籌帷幄，2016 年里約奧運，美國隊就用了很多穿戴式裝置幫助運動員訓練。

　　「Moov Now」（圖 2.93）就是另一種專門針對運動與動作偵測推出的手環類穿戴式裝置，它定義自己是「第二代的多運動穿戴教練 [10]」，針對慢跑、騎腳踏車、健走、拳擊有氧、游泳、重量訓練等六種運動，這台機器上配備了 3D 感測器（具備加速度、角度、磁力感測），可讀取到運動員動作的方向與運動量，然後精確地顯示裝置的位置。

9　這段報告出自：http://www.juniperresearch.com/press/press-releases/fitness-devices-to-dominate-the-wearables-market-u。

10　這是 moov 官網上影片的標題（官網位置：http://welcome.moov.cc/）。

只要穿戴此追蹤器，便能即時監控運動的狀況並且提出健身建議：它能進一步告訴你，每一步踏出去的姿勢對不對、膝蓋承受多少壓力，重力、拳擊訓練也能細緻地記錄出拳力道，最厲害的是連靜態瑜伽，也能告訴你每個動作的強度夠不夠，不只能戴在腕上，別在衣服、鞋子或單車上都能運作如常。有了它，再也不用再擔心自己的運動姿勢錯誤，而造成難以挽回的運動傷害了！

而且很有意思的是在有氧拳擊的示範部分，會特別感覺像是在玩一些像是 Wii 或 Xbox 上的體感遊戲一樣，甚至還會對準確實現的動作給予獎勵分數。它也有社群功能：透過裝置，你可以跟朋友連線和競爭。

令我訝異的另一件事是這個裝置的電池續航力長達六個月，令人驚訝的好。

圖 2.93：**Moov Now**

取自網路 http://www.express.co.uk/life-style/science-technology/591851/
Moov-Now-Fitness-Smart-Coach-Artificial-Intelligence

2.4.2.2　個人保健

「哎呀，又胖了！」老王的太太小珍看到了小米體重計顯示的體重，不由得叫了起來，從小米運動的記載，她知道接下來又要強化自己的運動了，「好吧！那我接下來每天快走一萬步！」她看著手上的小米手環說。

這樣的情境在我們生活中現在經常遇到，現代人多吃少動、容易肥胖已經是不爭的事實了，據聯合晚報報導，台灣有 76% 的民眾認為自己的健康狀況比起 5 年前來得差。此外，更有高達 77% 台灣成年人渴望減重；94% 的台灣人憂心「肥胖」[11]，台灣的減肥商機一年有 600 億新台幣，且從台灣「iFit 愛瘦身」臉書社團龐大的粉絲數量，就知道瘦身這件事情多受消費者重視。穿戴式裝置也因應這個風潮推出了許多產品。例如 Nike+Fuelband 便是針對這個族群而問世的，此外現今世界上穿戴式裝置銷售成績最亮眼的，像是 Fitbit 系列、Apple Watch、小米手環，都是定位在個人保健用的智慧型手錶手環。

個人保健最大的目的是為了達成讓身體健康和身材勻稱，所以穿戴式裝置顯示運動量及對應的卡路里數是一個受到相當重視的功能，如果原來運動意願不這麼強的人，透過社群的功能，互相激勵，互相比較，會大大強化使用者運動的意願，這是 Nike 設立運動社群「Nike+」網站及 Fitbit 利用社群強化使用者關係，更打造強大口

---

11 聯合新聞網 2014 年 9 月 23 日報導 參見網址 http://health.udn.com/health/story/6032/357580

碑，讓他可以 2015 與 2016 的銷售量都打敗 Apple Watch，成為當年第一大穿戴式裝置的主因。

　　個人基本健康狀況是在這類產品提供的第二大資訊，目前以睡眠狀況，高階產品還會加入 24 小時心跳強度／心率監督功能。透過睡眠時身體翻動頻繁程度來檢測消費者的睡眠狀況，並從心跳心率數字變化來監督自己運動後的心臟功能，讓消費者可以時時監控自己的健康狀況。

　　但如今，這兩類使用功能在消費市場上反而存在較大的質疑聲音：對使用者的意義何在？作者個人配戴小米手環時一開始蠻喜歡睡眠監督功能，能看見自己每天晚上睡得好不好的相關資訊，但是時間久了就失去新鮮感，覺得對自己健康幫不了什麼大忙而慢慢不再使用。

　　之前要量測心跳都是透過綁上緊緊的心跳帶達成，但現在可以透過光感測達到準確的效果，2013 年 Mio 與飛利浦共同研發推出的「Mio Alpha」（圖2.94）是全球第一支光感測智慧手錶，測量結果跟使用心跳帶十分接近。後來各個廠商都把此功能列為高階消費性產品必備項目。

　　「Mio Alpha」基於創辦者擁有多年研究心電技術的經驗，此款手表的心率

圖 2.94：**Mio Alpha** 示意圖

製圖者：陳冠伶

對應功能十分準確，連 Apple Watch 的第一代在心跳／心率顯示正確度都是跟這支「Mio Alpha」比才能確認。而「Mio Alpha2」也不落俗的內建了加速度感測器，讓手錶在運動時直接記錄移動距離以及卡路里消耗等資訊（不過反而沒有低階的計步功能），運動結束後會再透過藍牙上傳到手機，以專用 APP 管理數據。

2.4.3 健康照顧

「自從有了你幫我買的手錶後，一切方便多了！」王伯伯這樣跟老王說。「是呀！有了穿戴式裝置提供的資訊，爸只要看智慧手錶上的訊息，就知道自己的狀況，的確方便多了。」老王回道。王伯伯接著說：「是呀！省了好多麻煩，只要看這手錶上的顯示，就知道自己身體的狀況，還會提醒我吃藥。一旦身體狀況有些不對，它也會提醒我看醫生。尤其你還幫我買了醫療服務，還有服務人員主動打電話來關切我的狀況，好貼心！」

這段對話，顯示出穿戴式裝置帶來的健康照顧的方便性。穿戴式裝置最顯著的需求，除了運動員的身心狀態監控與自我教練矯正之外，就是健康照顧的功能。

工研院報告[12]中指出：智慧健康的重要性在國外更是明顯，因為醫療費用高漲，健康照顧的思維已經從發病再治療，改成患病之前的預防、預測、個人化與主動參與的「Medicine 4P」四大趨勢。

---

12 出自物聯網技術發展趨勢與商機：智慧健康篇。

要達成「Medicine 4P」，智慧手錶、手環及智慧衣等穿戴式裝置因為可以直接量測使用者的相關健康資訊，像是心跳強度與頻率、血壓、血氧、體溫等資訊，新一代的還有無穿刺式量測血糖的功能，透過將這些個人化資訊記錄下來成為大數據資料，再進一步運用大數據的技術，就可以達到預防、預測的功能。

現在各大醫院搭配醫療管理，開始跟很多穿戴式裝置廠商合作，像北醫在 HIOT（健康物聯網產學醫研聯盟）成立之時，就展示自己利用穿戴式裝置可以得知病房中病患狀態，這樣還可以隔離暴力病患。

國泰健康管理服務則搭配 Garmin Vivosmart、Apple Watch 及 EPSON PULSENSE PS-600 三種穿戴式裝置。EPSON PULSENSE PS-600 是專門量測心率的穿戴式裝置，配備了雙心率感測器，每秒量測，與心跳帶相比，誤差 ±2% 以內；並擁有五天連續偵測心律的電力。同時提供訓練模式，手錶可以顯示運動、心情、睡眠三大模式。

圖 2.95：**EPSON PS-600**

取自網路 https://store.shopping.yahoo.co.jp/ebest/4988617243330.html?sc_i=shp_pc_search_itemlist_shsr_title

2.4.4 掌握行蹤

　　大家如果還記得電影「全民公敵」的情節，男主角威爾史密斯因為自己穿的西裝被美國聯邦調查局的探員金哈克曼裝了一個特殊裝置，結果威爾史密斯到哪裡，金哈克曼都知道，這樣的裝置，其實只要一個 GPS 定位感測器，加上一個將其位置送出的通訊模組（那個時候應該還是 GPRS 等級的第 2.5 代通訊協定）。現在大家都有智慧手機，只要具備 GPS 定位感測器及藍牙通訊器，就可以將 GPS 定位透過藍牙通訊器送給智慧手機，再透過無線通信將此資訊送到後端的雲伺服器上。如果在室內，雖然 GPS 不能作用，但是可以利用藍芽做到精確的室內定位。

　　現實生活中，一般人當然不希望自己的行蹤被別人隨時隨地掌握，但是家中有年長者與小孩則是例外：年長者失憶或是因為健康狀況不佳昏倒的情形時有所聞，小孩被拐騙的新聞更是常見，像之前提過中國大陸出貨量第二名的穿戴式裝置品牌步步高的「小天才」智慧型手錶，就是因應這類需求而產生的產品。

　　針對年長者用戶，蓋德科技推出了「守護天使 800」（圖 2.96）智慧型手錶，具備心率、血壓、血氧量測功能，將資訊傳至雲端做健康管理。隨時主動定位（室內室外均可），需要時還可以利用一鍵電話速撥的功能打給重要親友、照顧者或醫生。

圖 2.96：守護天使 800

其實賣給長輩的手錶，一定不能一眼就看出來這是給年長者戴的，這樣反而讓人覺得自己老了而產生反感，而蓋德科技推出「守護天使800」時也考慮到了這點，產品外型相當時尚。另外還提供摔倒時通知家人及緊急呼叫 SOS 跟家人通報功能，充分考慮到使用者的需求。

之前訪談蓋德科技董事長許賓鄉時，他便透露，目前蓋德已跟國內幾家醫療院所合作，在醫療上的大數據分析占有一定的經驗與優勢。

不過作者買給作者媽媽使用上的經驗發現守護天使 800 很耗電，螢幕太小，老人家不好使用是比較可惜的一點。

2.4.5　專業應用

看過「復仇者聯盟」及「鋼鐵人」系列電影的人，應該都會對劇中飾演鋼鐵人的小勞伯道尼身上那套鋼鐵衣留下非常深刻的印象，這件鋼鐵衣幫助他擁有超人般飛天遁地、力大無窮的十八般武藝。

而之前陸軍中校勞乃成帶領貴婦團登上阿帕契直昇機，李蒨蓉並在旁自拍打卡上傳臉書在台灣引起軒然大波，大家才對阿帕契直昇機的駕駛頭盔留下印象。其實美國的戰鬥機駕駛與戰鬥直升機駕駛都配有特殊頭盔（圖 2.97），這樣就可以將重要資訊直接以擴增實境的方式即時顯示在駕駛員眼前，讓駕駛員能夠即時做出應變。

另外，之前也提過，台灣的紡織研究所在最近的 Computex 展覽中，展示了專門為消防員設計的智慧衣，這件智慧衣可以耐高溫，把

消防員的生理狀況傳到雲伺服器監控，15 秒不動就會求救，如此讓消防員的性命可以在第一時間獲得保障

　　其實只要是有特殊工作需求的人，透過特別針對工作設計的穿戴式裝置就有機會幫助自己更有效的完成工作，像 NASA 的太空人就是透過太空服進行通訊，現在外科醫生進行手術時，也會利用 Google Glass 與遠端即時通訊，將開刀時看到的影像傳送給遠端的醫師即時討論病人狀況，讓手術進行的更順利。

圖 2.97：阿帕契直昇機駕駛用頭盔

取自網路 http://s276.photobucket.com/user/
wolfrunner1031/media/gunhelmet.jpg.html

2.5 結論

　　穿戴式裝置三大類別，智慧手錶／手環／戒指、智慧紡織品與智慧頭盔／眼鏡，分別在不同的用途與族群上，雖然有共通的族群（一般人與運動員），但最終的用途並不相同：智慧頭盔／智慧眼鏡，強在即時資訊、虛擬實境與擴增實境的呈現，智慧紡織品可以直接接觸人身上皮膚、對應器官，除了身體狀況量測外，同時可以透過電擊和熱給予適當治療、矯正或緩衝病情。智慧手錶／手環／戒指就比較偏向於身體狀況量測、手機訊息的同步、位置監控和操控其他裝置等功能。因為功能不同，很難說誰優誰劣，重點反而是針對不同的需求每個人可以選擇不同的產品，透過這些產品，人們可以更方便、更健康。透過早期發現與治療矯正，因此可以活得更長久。

　　穿戴式裝置在書中舉這三大類別只是他們的應用最多，而有很多跟醫療健康更密切相關的，會在智慧健康的章節中討論。

　　科技的目的就是讓生活更方便，而穿戴式裝置帶來的方便，反映人們真正的需求，隨著穿戴式裝置的價格越來越平民化，搭配大數據讓我們越來越能對疾病預防與提早治療，相信穿戴式裝置會成為我們生活不可或缺的工具，就像現在的智慧型手機一樣，幾年前是昂貴的用品，現在則變成人手一支。

　　有朋友擔心穿戴式裝置因為太個人化變成讓每個人更宅，作者倒覺得這是人類面對生活更方便化一定會面臨的選擇。「水可載舟，亦可覆舟」：載舟與覆舟的選擇都在乎人。就像智慧型手機讓滑手機的人變多，但不可否認的是智慧型手機讓我們的生活更進步。

以下是穿戴式裝置主要各類別的比較表：

表 2.4：裴有恆

	智慧手錶／手環／戒指	智慧紡織品	智慧頭盔／眼鏡
主要功能	跟智慧型手機結合或個人生理資訊提供	身體狀態告知、姿勢教練、及時治療與復健	虛擬實境／擴增實境
現在應用族群	一般人、運動員、小孩、病人／老年人、	運動員、專業人員、嬰兒、病人／老年人、	一般人、運動員、專業人員
歸納產業運用	健康、健身、醫療照顧、位置監控、操控	運動教練、健康監控、疾病預防、專業特殊運用	娛樂、前方狀況（路況）瞭解、即時資訊獲取
特殊要求	充電一次須使用夠長	須使用特殊紡織材質	針對已有視力障礙者須有對應處理

讀後思考：

1. 手錶／手環型穿戴式裝置是物聯網裝置中最能被消費者接受的裝置，但很多消費者穿戴後一段時間就棄置不用，如何能增加消費者的黏性，讓消費者愛不釋手？

2. 頭盔穿戴式裝置現在被視為未來之星，試想像未來有哪些可能的應用？

3. 眼鏡型穿戴式裝置在 Google Glass 因為侵犯隱私造成人們不快，不過有哪些應用是未來可能讓這樣的裝置受消費者歡迎？

4. 智慧紡織品現在多拿來做專業運用、健康偵測與醫療及娛樂輔助之用，有沒有其他更好的應用？

智慧家居產業

3.1 漫談智慧家居產業

家，對個人來說是遮風避雨的所在，是一個無論在外受了多少刺激與衝擊，都可以靜下來休息療傷安撫自己的地方。是情感的寄託，也是一個人安身立命之處。在家中，可以享受天倫之樂，家人可以凝聚情感。家，對每個人都有講不完的回憶。

2003 年，比爾蓋茲對大家講起「Smart Living」的未來世界，對應他自己位於西雅圖的豪宅，擁有最新最好的自動化設備的房舍展示出來，而這間未來屋，進去時要配戴特殊的識別胸針，此胸針可以設定針對這個客戶的喜好：該播放的音樂、影片、燈光、溫度等等，等到客人走近感測器時會自動打開，讓客人感覺到十分溫馨（圖 3.1）。

智慧家居，顧名思義就是家庭裡的一切都能智慧化，舉凡家用電器、家用電燈、家用音響、家用廚具、家用傢俱、家用門窗等等皆然，我們可以想像一個場景，在這樣的智慧家庭中，早上起床前窗簾會擋住陽光，起床時窗簾會自動拉開，窗戶自動打開讓你迎接第一道陽光，出門前你可以到智慧鏡子前以擴增實境的方式選擇自己今天要穿的衣服，出門時房門會自動打開與關閉。下午下班，自辦公室回家前，你在車子上選擇導航回家，車上的電腦會發訊息給家裡的中控電腦，並告知預估回到家的時間，這樣你到家時，先用指紋辨識進入家內，一開門，家裡音響就響起你喜歡的音樂，客廳電視播放著你喜歡的節目，燈光調成你事先設定好的燈光，飯菜也熱好了等你回來享用，連洗澡水也都放好了，讓你可以一回家便馬上洗去一天的疲勞。

　　比爾蓋茲的未來屋激起了有錢人的想像，這樣的場景在以前是有錢人的專利。在台灣，最早開始智慧化的就是有錢人的豪宅，像「遠雄二代宅」就是很有名的代表，但是在智慧家居風起雲湧的現在，要擁有這樣的智慧家庭所需的花費越來越低，在台灣就有「中保無限＋」的智慧家居系統開始導入。之前市場研究單位 Harbor Research 在其報告中指出，到了 2020 年，智慧家居設備將佔有物聯網超過四成的出貨量（不過這應該是包含所有智慧生活的裝置），這麼大的市場，無怪乎資通訊界的巨擘關注這塊，帶領著原來在資通訊界的廠商殺進這塊領域，這也造成設備價格降低，讓這塊領域開始成為一般平民也慢慢可望也可及的享受了，不過市場中可供選擇的陣營很多，不免眼花繚亂，加上不易安裝及使用上不直覺，影響到人們購買智慧家庭設備的意願。直到 Amazon Echo 以聲控＋人工智慧方式，讓消費者只要對 Echo 出聲就可以操控，大大地降低使用者進入門檻，智慧家居才露出一盞曙光。畢竟，消費者要的是更便利的東西。如果花很多時間或很昂貴才能操控，比如說打開 APP 按到好幾層後才能關燈，這對消費者其實並不方便。

　　作者在 2001 年，曾經代表台灣大哥大跟東元電器合作，在當年 12 月的資訊展展出用一般手機以 WAP 遙控東元的微波爐爆米花，然後把爆好的爆米花當場分享給在現場的群眾。在現在會覺得很平常，不過當年吸引了不少的目光。這也在比爾蓋茲提出「Smart Living」之前，可見智慧家居的想法家電業早想嘗試，而現在，各大家電商與電腦商，正摩拳擦掌的希望想從這個領域中找到下一個大賺的商機。畢竟，每個人都有家，而人類都希望生活越來越方便，只要負擔得起，智慧家居就是幫助人們讓生活更方便的解答。

圖 3.1：比爾蓋茲的智慧家居

取自網路 http://www.technologyvista.com/pin/no-person-in-his-right-mind-would-
miss-this-opportunity-of-peeking-inside-bill-gates-super-smart-1997-house/

3.2 智慧家居的發展階段

　　提到家庭佈置，在早期都是強調自己家裡要有一套高級的音響，後來 DVD 出現，開始強調有一套很棒的影音設備，讓家庭能有電影院的享受。後來比爾蓋茲展現自己的未來屋，而有錢人以向比爾蓋茲學習為目標，智慧家居開始較蓬勃地發展，在台灣也不例外。

　　台灣智慧家居的發展，因為價格的問題，一開始只有豪宅裝得起最先進的智慧家居設備（2005 年遠雄二代宅開始導入），後來裝修的設計師也慢慢針對個別客戶需求開始做這類產品的安裝，這是「豪宅自

建與裝修補建」時期，接下來，保全開始從安防角度擴張至整體智慧家居，進入了「保全時期」（2009 年中興保全 Mycasa 創立）。後來，智慧型手機普及了，家電商開始出用智慧型手機遙控的家電（2012 年海爾、Panasonic 都有對應產品）。2014 年 Google 買了 Nest，台灣智慧能源產業協會成立，IT 廠商也大舉進入這個市場，這就是現在的「後裝時期」。不過真正展現大的發展，就是之前提到的 2015 年 Amazon Echo 進入大眾市場，它在 2016 年底達成銷售 500 萬台的佳績。也因為自行後裝還是有一定的難度，所以無線通信運營商與有線電視寬頻商（像遠傳電信、亞太電信，台灣大可人＋凱擘、中華電信…等等）利用這個機會進入市場，協助安裝整合，作為新的事業切入。

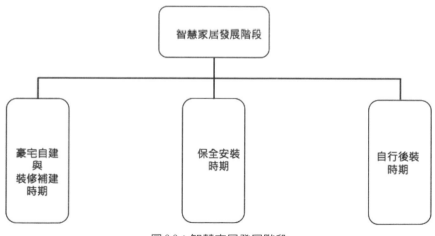

圖 3.2：智慧家居發展階段

3.2.1 豪宅自建與裝修補建時期

自從比爾蓋茲揭露自己位在西雅圖的「未來屋」之後，智慧家居就成為各大豪宅競相模仿的對象，也因此造就了 Control4、路創（Lutron）等整合設備商，幫客戶在改裝住居時同時納入智慧家居的設計。

另外也有像是「遠雄二代宅」這樣的豪宅體系，在建造房屋時便預先規劃好了住家的整體智慧家居佈置。

不過這樣的智慧家居整合最大的問題，對應的家電用品與設備選擇空間就少的多。為了解決這個問題，這些建置商跟其他廠商合作，有些更加入後裝大廠的陣營（如加入 Apple 的 Homekit 陣營）。

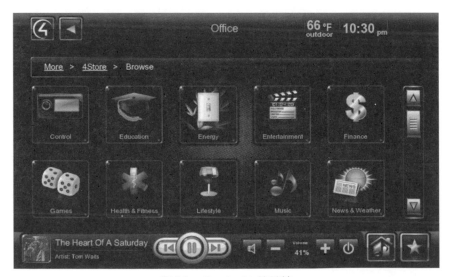

圖 3.3：**Control4** 的系統

取自網路 http://www.technologytell.com/hometech/91518/control4-hc-250-home-
controller-review-part-2-the-home-automation-experience/

3.2.2　保全安裝時期

保全業原本的業務範圍，就包含了智慧家居中保障安全的部分，近年來台灣的中興保全與新光保全也開始將營業內容延伸至整體智慧家居系統了。

中興保全推出的方案為「中保無限＋」（圖3.4），讓家中所有電器都能透過手機遙控，藉由裝設好的感知器，可隨時監控溫濕度與瓦斯是否漏氣，家人發生緊急狀況時，也可按呼救鈴。

此外，新光保全也推出了「新保智慧家」。

圖3.4：中保無限＋租屋套房篇－門禁設解監控

來源：中保無限＋授權

3.2.3 自行後裝時期

後裝在這裡的意思，就是消費者自己買產品來裝或是租賃無線通訊商或寬頻服務商的服務，請他們協助安裝整套智慧家居系統，而非預先建置好智慧家居設備、或是透過裝潢商或保全公司整合。

其實很早之前，各大家電廠商就希望跳過建商與保全業直接進入客戶家中，以整套同一品牌家電做為訴求，讓消費者可以透過電視或冰箱監控所有家電，不過這樣會有無法選擇其他不同廠牌家電的問題，而且家裡所有家電選擇同一家廠牌的並不符合一般人會有的習慣。

在此同時，資通訊科技（Information and Communication Technology，ICT）業者也試圖利用電視機上盒推廣家電中控，連微軟都試過以家用遊戲主機 Xbox 來切入這個市場，但是都失敗了。其實，失敗的主因是機上盒對消費者並非必需品，Google 嘗試了很久，但機上盒在客戶端的佔有率一直不高，而電視或冰箱會有用幾年就要換新的問題，此外，電視遙控器並不是很好用的家電控制器。而微軟的 Xbox 系列遊戲機，更有消費者不會一直開著且不認為它應該被用來做智慧中控的問題。

上述問題開始有所突破，是因為智慧型手機的普及和智慧型家居產品陣營的形成。透過智慧型手機遙控，十分符合現代消費者的使用習性，不過要消費者針對全家的所有家電個別用自己的 APP，這就又不合消費者的需求，而用智慧中控，統一遙控，是消費者較能接受的方式。也因此同一中控為陣營核心，透過共同協定，就可以讓同一陣營

的產品彼此互通。這樣雖然還是很零碎，但是已經勝過以前各家家電
公司各自為政的狀況了。

　　而這樣的狀況在 2015 年 Amazon Echo 進入市場，以語音控制加
上人工智慧對話機器人，讓操控變成直覺而簡單，整個市場終於開始
蓬勃發展，而 Google 在 2016 年底推出 Google Home，APPLE 也在
2017 年推出 IIomePod 應戰。台灣亞太電信也率先提出「智能音
箱」，跟中國百度合作的中文語音控制系統。

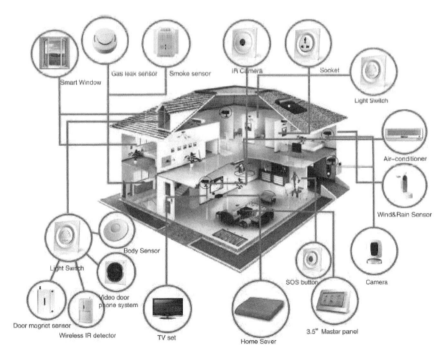

圖 3.5：智慧家居

取自網路 http://smarthomeenergy.co.uk/what-smart-home

3.3 智慧家居各階段的代表陣營／廠商

3.3.1 豪宅自建與裝修補建時期的改裝／
整合商

3.3.1.1 Control4

Control4 是 2003 年成立於猶他州鹽湖城的公司，為業界知名的智慧家居系統整合廠商，在智慧家居上的整合能力非常高，擁有完整的有線與無線整合能力，目前可以整合 8000 多個設備，其中包含 Google 的 Nest 恆溫控制器。此外，它也具有強大的客製化能力，客戶可以根據自己的需求選擇合適的模組（圖 3.6）。

圖 3.6：Control4 智慧家居產品

取自網路 http://www.digitalsmarthomes.com/control4/control4.html

2012 年 Control4 更提出了簡單設備發現協定（Simple Device Discovery Protocol，SDDP），這是一個類似 PC 上的即插即用（Plug & Play）協定。目前有超過 500 個設備支援 SDDP。

Control4 本身有出智慧燈光系統、家庭影音控制系統、窗簾控制系統、室溫控制系統、多房間控制系統及安防系統。

Control4 在台灣是由優德美公司總代理。

3.3.1.2 路創電子公司（Lutron）

路創是 1961 年時於美國賓州成立的公司，當時是以調光器為主要產品。路創發明了數百種照明控制設備和系統，將產品擴充到 15000 種，在照明控制與日光控制窗簾擁有強大的技術力。

路創的全屋方案（圖 3.7）包含照明控制、窗簾控制、能源控制、影音控制及溫度控制（空調），透過 HomeWorks QS 適用的 Palladiom^{TM} 及針對智慧型手機的 Home Control+ APP 來控制，也有 Apple Watch 版本的 APP。

圖 3.7：路創產品

取自網路 http://polariscontrols.com/portfolio_item/lutron-electronics-co-inc/

在台灣路創由節能世代 CO2Free 公司代理。

3.3.1.3　漢尼威爾（Honeywell）

漢尼威爾（Honeywell）於 1906 年在美國紐澤西州成立，旗下有航太、自動化設備與資產管理、高效能聚合財力及運輸與動力系統四大事業。其中智慧家居是屬於自動化設備與資產管理事業。

Honeywell 致力於提供用戶「一站式解決方案」，它具備自動化控制、安全防護、能源管理等技術，並且將可視對講機、安全防護、家電控制、燈光控制、窗簾控制等等多種功能做到了一體化整合，以達成健康、舒適、節能和智能的四大目標（圖 3.8）。

Honeywell 在中國大陸的分部針對一體化整合提出了六大系統：「家用水處理與水控制系統」、「家用採暖控制系統」、「室內空氣品質系統」、「智能家居系統」、「節能照明與燈光控制系統」和「中央空調控制系統」。

圖 3.8：**Honeywell** 系統

取自網路 http://www.automatedhome.co.uk/reviews/review-honeywell-
evohome-wireless-smart-home-heating-controls.html

3.3.1.4 快思聰（Creston）

　　Creston 是 1971 年在美國紐澤西州成立，專門製造控制與自動化系統，並做到整合通信、燈光窗簾、視聽、環境空調等系統。它在全球 90 多個地方設有辦事處，主要業務為幫助客戶做好智慧家居及辦公室自動化。1995 年，快思聰亞州總部在香港成立。

　　快思聰的系統包含影音設備控制、燈光控制、電動窗簾控制、溫度調節、安防監控等系統，還有對家用電器的集中或遠端控制（圖 3.9）。

　　快思聰在台灣有分公司，台灣智慧系統公司也有代理。據說快思聰的安裝還要排隊。

圖 3.9：快思聰智慧家居體驗中心

取自網路 http://www.crestron.com/about/locations/offices-experience-centers-showrooms

3.3.1.5 施奈德（Schneider）

　　施奈德電器是 1836 年在法國成立。1891 年後逐漸轉變成以電力與自動化管理，2003 年開始施奈德轉型成樓宇自動化公司轉進智慧家居市場。

　　施奈德在官網上強調智慧家居是一個全新的環保意識與永續發展的方式。環保不只是節省，還包含了最優化、生活的智慧與態度。這跟他從智慧電網的角度切入有很大的關係。

　　施奈德的控制界面可以在電視、平板電腦、智慧型手機和電腦有一致的控制設備的用戶圖形介面。輸入設備有牆壁開關、感應器、溫控器等。系統與輸出設備有居家控制器、調光器、繼電器、感應器、安全面板等（圖 3.10）。

　　施奈德的智能家居系統是以 C-Bus 系統連接。這讓它的智慧家居系統很容易跟一般 TCP ／ IP 的電腦系統相連。

　　施奈德台灣網站上顯示智慧家居的產品有開關、配電方案與小型斷路器，智慧樓宇的方案以電力管理相關器材與整合式閘道伺服器。

圖 3.10：施奈德智慧家居方案

取自網路 https://www.clipsal.com/Home-Owner/Smart-Home/Smart-Home-Solutions/Wiser-Home-Control/Wiser-Home-Control

3.3.1.6 費米智慧家庭（Fibaro）

費米是台灣智慧家庭的實踐者，它提供三種服務：針對想要重新客製化裝潢且有智慧家庭功能的客戶，提供聯繫他們的室內設計師共同開發客制規格服務；針對已經裝潢過但是想要增添智慧家庭功能的，可以找他們進行智慧家庭環境評估，設計適合的系統與功能，再安排時間安裝；想要自行安裝者，加入費米會員後就可以選購需要的套件組自行安裝。安裝或使用過程中如果有問題，可以向費米要求協助。費米強調，只要成為會員就可以獲得終身服務。

費米無線智慧家庭系統（圖 3.11）提供了多種感應器和控制器：窗簾控制器、調光控制器、插座電源控制器、照明控制器、門窗感測器、煙霧感測器、環境感測器 ...... 等等，彈性很大，也難怪敢提供三種服務。

圖 3.11：費米智慧家庭

來源：費米官網

費米提供的是台灣比較少見的 Z-wave 協定服務。此外它既是裝修補建也是 DIY 後裝，其官網上提供十分清楚的 DIY 安裝說明。

3.3.1.7　東訊 e-Home

東元電機的關係企業東訊公司，之前經營市內電話製造，現在成功轉型成智慧家居系統廠商，提供網關系統，及高清品質的可視對講、門禁、安防、智能控制、家居情境系統。可以用手機及平板做遠端對講、遠端設備遙控（包含家電）、影像監看及安防。

東訊成功的在很多建案中安裝智慧家居系統，像是玄泰美、臨沂馥玉、忠泰咮、W Tower 越世紀、泰晤士、問渠、香坡、雲端、鴻硯、御天地…等等。根據東訊的資料，新竹一帶的新建案，很多都用東訊 e-Home 的系統。

3.3.1.8　遠雄智慧宅

遠雄建築集團從 2005 年起透過多次與其他科技公司合作，完成遠雄二代宅一系列的智慧家居數位化，以下是遠雄智慧宅的時間表：

2005 年 5 月：與中華電信、友訊科技、英特爾、大眾電腦合作，完成無線寬頻。

2005 年 7 月：手機遠距監控屋況及遙控家中家電。

2005 年 8 月：與遠流知識家族合作，完成數位學習網路。

2005 年 10 月：與中華電信、日立製作所合作，完成 FTTH 光纖到
　　　　　　　　府。

2005 年 12 月：完成指靜脈辨識門禁系統。

2006 年 7 月：　與工研院合作提供生理管理平台，馬偕醫院提供線
　　　　　　　　上管理照護，完成遠端照顧系統。

2007 年 8 月：　與經濟部、中華電信、BenQ、台北智慧卡公司、微
　　　　　　　　軟與萬事達卡公司合作，完成 NFC 手機門禁系統。

2011 年 7 月：　與西門子合作，經由完成感測溫度、濕度、二氧化
　　　　　　　　碳濃度，與家中空調、全熱交換機連動，達成恆氧
　　　　　　　　恆濕的生活環境。另外也整合了中華電信的「五合
　　　　　　　　一智慧 HA 系統」及資策會「智慧能源管理系統」，
　　　　　　　　讓用戶可以在網路上查詢用電狀況及分析用電情形。

　　由這些記錄可以看出，遠雄在智慧家庭上的規劃與產業合作的一連
串作為的確在台灣的住宅預裝智慧家居設備中，的確動作較早。

表 3.1：豪宅自建與裝修補建所用系統比較表（遠雄為自建不列入）

公司	自身系統	安裝公司	備註
Control4	智慧燈光系統、家庭影音控制系統、窗簾控制系統、室溫控制系統、多房間控制系統及安防系統。	優得美公司	制定簡單發現協定跟其他廠商產品溝通
路創	照明控制、窗簾控制、能源控制、影音控制及溫度控制（空調）	節能世代 CO2Free 公司	利用 Homework QS 及 Home Control APP 控制
漢尼威爾	家用水處理與水控制系統、家用採暖控制系統、室內空氣品質系統、智能家居系統、節能照明與燈光控制系統及中央空調控制系統	漢尼威爾台灣分公司	智慧家居是屬於自動化設備與資產管理事業。

公司	自身系統	安裝公司	備註
快思聰	影音設備控制、燈光控制、電動窗簾控制、溫度調節、安防監控等系統，及對家用電器的集中或遠端控制	台灣分公司、台灣智慧系統公司	
施奈德	產品有開關、配電方案及小型斷路器，重點是能源管理	台灣施奈德公司	以 C-Bus 通訊
費米	多種感應器和控制器：窗簾控制器、調光控制器、插座電源控制器、照明控制器、門窗感測器、煙霧感測器、環境感測器 …… 等	費米公司	以 Z-Wave 通訊協定通信
束訊	網關系統，並有高清品質的可視對講、門禁、安防、智能控制、家居情境系統	束訊公司	可用手機、平板電腦遙控，原端監看

3.3.2 保全公司轉做智慧家居的廠商

3.3.2.1 中保無限＋

中興保全是台灣最早從保全跨向智慧家居的廠商，之前以「MyCasa」（中興保全智慧宅管，2009 年創立）提供四大服務：安全管家、照顧管家、氣氛管家，及娛樂管家。其中安全管家是透過可視對講機與保全設備確保居家人身安全；安全管家是把年長者的身體狀況透過血壓計等量測器材的量測結果傳到遠端健康監測資料中心，提供專業健康諮詢顧問協助，與其他人手機上以了解長者身體狀況；氣氛管家提供家庭燈光與音響控制服務，讓居家時可以設定與遙控成所想要的氣氛；而娛樂管家是讓家庭的電子資料都能透過電視觀看。

現在中興保全的智慧家居全面升級到「My Vita」（也就是中保無限＋，2014 年開始），這是一個可透過智慧型手機設定遙控的自動化家居做法，從無鑰匙的門鎖設定與開關到整個家居環境系統設定，家中所有設備均為無線控制，透過無線主機接收並發送家中無線器材的訊號，透過 ADSL 傳送至管制中心。還有無線體溫感知器、煙霧感知器、一氧化碳感知器等用以感知家中各種突發狀態，長者可攜帶無線緊急按鈕，一旦發生意外，就按鈕通知家人及保全，這樣就可及時救治。同時完整做到了客製化智慧家電與智慧防盜（含網路攝影機設定）（圖 3.12）。

圖 3.12：中保無限＋

來源：中保無限＋官網

3.3.2.2　新保智慧家

新保智慧家是新光保全在 2015 年下半年才推出來的服務，比起中興保全算是晚了很多年。

新保智慧家的功能有透過智慧型手機等行動裝置的 APP 遠端設定或解除保全、遠端監看動態影像、運用無線技術搭配防災設備（火災煙霧偵測器）、智慧插座、電子鎖，以及可遙控電器，很多功能跟中興保全的「My Vita」類似。不過新保智慧家強調不管是在浴廁、床鋪的輔助設備，都採用「影像感應」，呈現出來的影像不具「清晰性」的隱私擔憂，也就是偵測系統的畫面都是有點像紅外線的「影子」，而非具體的清晰影像，如此一來也不用擔心個人隱私受到侵害的問題（圖 3.13）。

另外新保智慧家還有提供給社區型住戶與管委會的貼心系統：E 化社區管理系統、社區信箱管理系統，以及臉部辨識門禁系統。

在健康照護上，新保智慧家推出的「Care U 安心照顧」已經與穿戴式裝置結合，長輩配戴手環之後可以讓系統知道是否按時活動，更可以按壓手環直接進行求助來因應緊急危難的狀況，就連針對行動不便或是下床需要協助的家庭，也可以選擇加裝起身監控系統或床感系統，當臥床的家屬從床上移動時，就能第一時間通知照護者進行協助。緊急求助的設備是直接與新光醫院連線，隨時尋求必要的醫療資訊與服務。這是新保智慧家較中保無限＋更強的優勢。

■公寓型住家

無電梯、樓層不高的公寓型住家，最需要屋內各種家庭安全服務，讓一家大小都擁有安心舒適的生活。

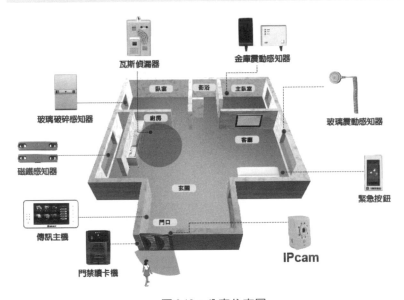

瓦斯偵漏器

金庫震動感知器

玻璃破碎感知器

玻璃震動感知器

磁鐵感知器

緊急按鈕

傳訊主機

IPcam

門禁讀卡機

臥室　衛浴　主臥室

廚房

客廳

玄關

門口

圖 3.13：公寓住家圖

來源：新光保全 居家保全服務

　　新保智慧家另外還提供照顧機器人「新保六號」（圖 3.14）的服務，它可以讓使用者透過智慧裝置操作，還可透過此機器人監看、錄影、雙向通話。

圖 3.14：新保六號機器人

來源：新光保全 新保六號機器人

表 3.2：保全公司智慧家居比較表

公司	創立時間	創立時間	備註
中保無限＋	2009 年	智慧防災、智慧居家、智慧節能、智慧照護、智慧防盜	請專家協助諮詢家中年長者健康
新保智慧家	2015 年	APP 遠端設定或解除保全、遠端監看動態影像、運用無線技術搭配防災設備（火災煙霧偵測器）、智慧插座、電子鎖，以及可遙控電器，另外有 CareU 年長者服務。	跟中保無線＋的最大差別在利用新光醫院資源與新保六號機器人的整合

3.3.3 後裝各大陣營

3.3.3.1 Amazon 主導

2015 年 Amazon 對大眾推出了 Amazon Echo 這個具人工智慧的
對話機器人功能的喇叭，只要對 Echo 講話，以「Alexa」為呼叫關鍵
字，就可以下命令。

Amazon Echo 因為它的好用，在美國很暢銷，2016 年底達到 500
萬台的紀錄令人咋舌。在 2017 年 CES 消費電子大展，大部分的目光
都集中在 Amazon Echo 的生態系夥伴的展出，包括聯想、華為、福
特、LG、奇異電器、微軟都是他的夥伴，當然這也因為 Amazon 在
Alexa 的使用上，不只定位是在智慧家庭，而是智慧生活，所以華為
以手機連線呼叫 Alexa、福特以汽車電腦連網呼叫，都是基於想讓生
活更便利的角度。

圖 3.15：Build your smart home with an Amazon expert

取自網路 https://www.amazon.com/b?node=14586916011

3.3.3.2 Google 主導

2014 年 Google 以 32 億美元鉅資收購 Nest 公司，這是因為 Nest 公司的產品 Nest 恆溫控制器，在北美有買恆溫控制器的家庭有超過 80% 的佔有率，買下了 Nest，就等於進入了北美很多家庭中。

目前這個系統以 Nest Weave 為通信協定，此協定可讓設備在 Thread（無線網狀）網路中進行互動，無需透過更上層的雲端通信。

有趣的是，Nest 本身也是另一個智慧家居陣營 Thread Group 的一份子，這個陣營有超過 190 個成員，本身以三星提出的 Thread 通信協定為底層的共通協定。

Thread Group 的主要成員除了有 Nest 外，還有 ARM、三星、高通（Qualcomm）、歐司朗（OSRAM）、芯科實驗室（Silicon Lab）、泰科（Tyco）等公司。

不管是 Nest 或是 Thread 的進展比起 Amazon Echo 都不快，所以 Google 在 2016 年底開始銷售跟 Echo 功能很像的語音人工智慧喇叭 Google Home，搭配無線路由器 Google Wi-Fi，使用無線 Mesh 讓家中連線無死角，及同時支援 Wi-Fi、Bluetooth BLE(低功率藍芽)、Zigbee、Thread 等傳輸協議的 Google onHub，它內建 Weave 協議，也接通 IFTTT[13]。

---

13 IFTTT，根據維基百科，是一個的網絡服務平台，通過不同（其他平台的）條件來決定是否執行下一條命令。IFTTT 為其口號「if this then that」的縮寫。

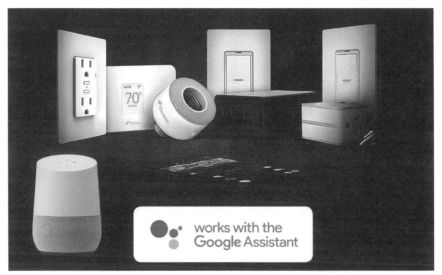

圖 3.16：**Work with the Google Assistant**

取自網路 http://www.innovativepeople.com/smart-home-google-home/

3.3.3.3 Apple 主導

Apple 在智慧家居上的要求，是以 iOS8 以上的作業系統為主軸，並符合 Mfi（Made for iPhone ／ iPad）的 Homekit 標準為主要做法，目前照 Apple 的安排，是設定以 Apple TV 為 Homekit 控制中心，符合 Homekit 的裝置上，必須裝設相對應的控制晶片（圖 3.16）。

Apple 的 Homekit 對廠商的檢驗非常嚴格，想加入的廠商很多，但是真正能通過檢驗的卻不多，目前只有 10 多家廠商合格，改裝／整合商只有路創通過。台灣目前則只有鈺創通過，聯發科跟友訊都找過鈺創協助通過 Homekit 的檢驗標準。

也因為整個成長速度太慢，在 Amazon Echo 系列產品大量攻佔市場後，Apple 開始加速，並確定以 Siri 為人工智慧語音主角，透過 iPhone、iPad 做遙控，並推出 HomePod 智慧喇叭應戰。

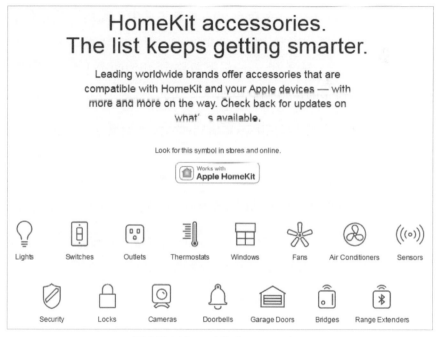

圖 3.17：Homekit Accessories

取自網路 https://www.apple.com/ios/home/

3.3.3.4 Open Connectivity Foundation

在 2016 年 2 月 20 日，英特爾、高通及微軟決定讓 AllSeen 聯盟和 Open Interconnect Consortium（以下簡稱 OIC）聯盟展開合作，成立新組織 Open Connectivity Foundation（以下簡稱 OCF），這一

組織將取代 OIC 所有活動，OIC 的當前成員將加入這一新組織，而高通會將任何支持 AllSeen 標準的設備支持新的 OFC 標準，也就是說 OIC 陣營跟 AllSeen 陣營合併。

AllSeen 是由 Linux 基金會發起的陣營，其中由高通負責通信協定，此陣營中有不少家電大廠：像是海爾、新力（SONY）、LG、松下（Panasonic）、夏普（Sharp）及微軟（Microsoft）都是主要成員。目前總共有超過 170 個成員。

AllSeen 陣營溝通是以 AllJoyn 這套通信協定架構互通。現在高通也加入了 Thread Group，未來如果 AllSeen 陣營可以跟 Thread Group 陣營互通，就會創造更大的商機。AllSeen 陣營的閘道（gateway）標準叫做 Gateway Agent。

OIC 陣營由 Intel 發起，目前有超過 90 個成員。微軟也宣布任何運行 Windows 10 的物聯網設備都將支持 OCF 標準。

不過 Amazon Echo 大賣後，就沒有人再把焦點放在 OCF 或 AllSeen 了。

3.3.3.5 One M2M

由通信業主導的陣營，目前有超過 200 個成員，是所有陣營中最大的。此陣營主打以 IPV6 為基礎，目前有新力、日立（Hitachi）等家電大廠加入。不過以智慧家居而言，這個組織只強調目前架構可以跟 AllJoyn 協定有很好的互動。

3.3.3.6　三星主導

三星本身是 Thread Group 跟 OIC 的主要成員。但是他對智慧家居看來是非常有野心，所以三星之前就買下了 Smartthings 這家製作智慧家居整合器（hub）的廠商，目前有上百個裝置可透過 Wi-Fi ／ ZigBee ／ Z-Wave 三種通信協定跟它連接。在網頁 https://www.smartthings.com/products 可看到所有跟 Smartthings 相容的智慧家居產品。

三星本身有智慧家庭整套設備（圖 3.18），由此可見其在智慧家居的積極，而且導入 IFTTT 雲端服務，讓服務使用更便利。

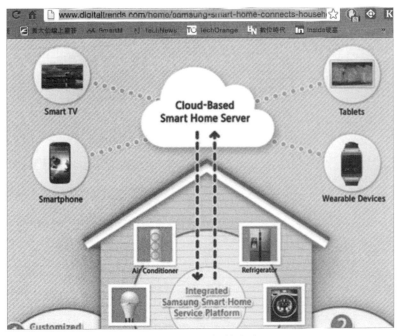

圖 3.18：三星智慧家庭

取自網路 http://www.digitaltrends.com/home/samsung-smart-home-connects-household-devices-one-app/

在人工智慧語音辨識的做法方面，Smartthings 一方面接入 Amazon Alexa，一方面導入人工智慧 Bixby。

3.3.3.7 海爾主導

海爾對智慧家居已經耕耘了很多年，它針對智慧家居提出了 U-home 技術，目前已經進階到 U-home2.0，能做到智能安防、影像監控、可視對講、智慧門鎖聯動等各大子系統之間的互聯互通（圖 3.19）。

目前海爾在中國找了很多廠商結盟，包括華為跟魅族。海爾在中國推出的產品都會採用華為所訂定的協定連結，這樣才好結合華為手機在中國的高佔有率。

海爾另外讓 BongX 智慧手錶及 Apple Watch 的穿戴式裝置可操控 U ＋的智慧空調。且 2016 年的 CES 展上，海爾推出他的第一台的基於 weave 通訊協定的智慧空調，這很明顯的是為了打進北美市場。

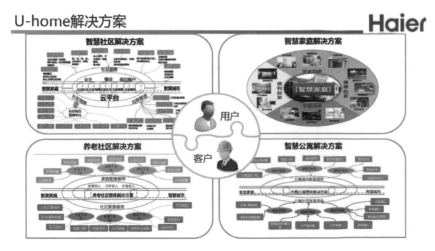

圖 3.19：海爾 **U-Home** 解決方案

取自網路 http://www.huaangd.com/custom614675.html

3.3.3.8　小米主導

　　小米用小米路由器打進各個家庭，後來更是推出一系列的平價產品攻進家庭，小米智慧插座、小米空氣淨化器、小蟻智能攝像機、小米智能家庭套裝…等，這些大部份都是由小米投資的夥伴公司而不是小米本身直接設計製造的。小米路由器以 Wi-Fi 聯繫所有的智慧家庭套裝產品，但是小米智能家庭套裝與小米智能插座是以 ZigBee 為通信協定連結，這代表小米可能以後會納入 ZigBee 系列的智能家居產品。

　　小米的物聯網產品十分多樣，物美價廉，在中國滲透率高，但彼此連接度不佳，比較像打游擊戰。

3.3.3.9　台灣智慧能源產業協會

　　台灣智慧能源產業協會（工研院主導，成員有東元、聲寶、三洋、大同、台灣日立、台灣松下、中華電信、遠傳電信、華碩電腦、施耐德、台灣三星及台達電…等等廠商）2014 年 6 月成立，針對智慧家居推出 TAiSEIA101 的智慧物聯網通訊標準。適用於冷氣、除濕機等 15 項智慧家電。

　　台灣在 2015 年澎湖試驗智慧電網時，就是使用這個協定。

圖 3.20：**TAISEA101**

來源：新通訊

表 3.3：後裝各大陣營比較表　　　　　　　　　　　製表：裴有恆

陣營	Amazon	Google	Apple HomeKit	OCF	三星	小米	海爾+華為	台灣智慧能原產業協會
控制中心／家庭閘道	Echo 產品系列	Google Home	Apple TV/HomePod	規格統一，但非特定[14]	Smart Things	小米路由器	未統一	未統一
人工智慧	Alexa	Google Assitant	Siri	無	Bixby	無	無	無
協定／架構	Wi-Fi	Weave	HomeKit	AllJoyn／IoTivity	IoT-ivity	Wi-Fi	HI-LINK	TAISEIA 101

---

[14] AllSeen 有閘道標準叫 Gateway Agent。

陣營	Amazon	Google	Apple HomeKit	OCF	三星	小米	海爾＋華為	台灣智慧能源產業協會
作業系統要求	無	無	iOS8 以上	無	無	無	LiteOS	無
需要特別硬體	無	無	無	無	無	小米 Wifi 板	無	無
備註	目前中控機 Echo 銷售量大	功能最多	有錢人的最愛，	由原 OIC、AllSeen 陣營整合		3、5 年找 100 家夥伴	海爾在國際用 AllJoyn 協定	台灣本地家電廠商為主要成員

3.4 智慧家居的產品類別

為了讓生活更舒適，不只是電器，所有在家中的用品都可以有對應的智慧家居的產品：舉凡智慧家居中控系統、家用電器、燈光、門窗與對講系統、保全監控設施、廚具、傢俱、寢具都有對應的物聯網產品。

這樣的產品實在是很多，畢竟智慧家居被認為是物聯網產品未來消費者購買最多及最大佔有率的產品，所以這篇的介紹的是中控、系統及有特色的產品。

3.4.1 中控系統（**Home Gateway**）

之前在智慧家居的發展階段與各大陣營中所提到的各家廠商，其實最主要的產品就是這個中控系統，中控系統本身負責管理家中所有智慧家電設備，並且對外可跟雲伺服器上的大數據與智慧型手機、平板連結。他的型態類別很多，有單純的中繼器，也有同時具備其他功能為主而進駐家庭的電力產品。

也因為中控系統可以帶進整個系統的家電產品進入客戶的家中，也因此格外受重視。早期微軟想以 Xbox、Google 想以 Google TV，家電廠想以冰箱、電視當這個中控系統，後來都被證明是不可行。但是在 Amazon Echo 以聲控打入家庭後，其直覺好操控的特性，讓具雲端人工智慧語音辨識的智慧喇叭成為現在最熱門的做法。

3.4.1.1 Amazon Echo

Amazon Echo 在美國推出後到 2016 年底超過 500 萬台的銷售量，及在 2017 年 CES 獲得極大的關注，就已經確定了它是目前最受歡迎智慧家庭中樞。

Amazon Echo 系列後來還推出了一系列的產品，包含 Echo dot、Echo Show、Echo Look。Echo dot 是 Echo 的廉價版，小小的，很方便攜帶；Echo Show 多了觸控螢幕，可以做影音電話、Youtube 影片查詢，智慧家庭產品具影像功能的即時顯示，另外，它也特別強化了音質。

　　Echo Look 本身是台攝影機，使用 Alexa 對它下命令可以拍照，記錄個人穿戴狀態，協助個人衣著穿搭，這是比較好的切入方式，讓消費者的隱私權顧慮降低。

圖 3.21：Amazon Echo Family

取自網路 http://www.rjourdan.net/

3.4.1.2　Google Home

　　當初 Google 一直想以機上盒打入用戶家中，後來發現效果太差，就決定斥資買下 Nest 公司，而 Nest 恆溫控制器當時在北美使用恆溫控制器的家庭市佔率很高，而且這項產品有很強的自我學習功能，不過當 Nest 帶入 dropcam 這個產品之後，消費者起了很大的反彈，「我買 Nest 並不是為了裝攝影機傳我的資料給 Google 的」，這後來造成了 Google Nest 一直打不開的主因。

　　Google Home（圖 3.22）是 Google 看見 Amazon Echo 以人工智慧語音辨識方式打入家庭後立刻採取的產品，在 2016 年底開始銷售，因為有 Google 的各類應用支持，市場慢慢打開中。

圖 3.22：**Google Home**

取自網路 https://www.handyguyspodcast.com/4706/unboxing-google-home/

3.4.1.3　Apple TV and HomePod

　　按照蘋果的計畫，Homekit 的設定是以 Apple TV（圖 3.23）為 Homekit 的中心，Apple TV 是一款由蘋果公司所設計的數位多媒體播放機。可播放來自 iTunes Store、Netflix、YouTube、Flickr、MobileMe 的線上內容或電腦上的多媒體檔案，並透過高解析度寬螢幕的電視機輸出影像。

Apple TV 對外是以 Wi-Fi 溝通 Homekit 驗證過的裝置。這樣的裝置需要有加密晶片，而且要通過蘋果 Mfi 的測試與驗證。蘋果在這個部分把關很嚴格，所以通過的產品目前還不多。

當 Amazon 以 Alexa 人工智慧進入市場後，其攻佔市場之快速，讓蘋果警覺到自己原來策略的弱點，一方面較為加速其廠商驗證速度，一方面開發 HomePod 應戰。HomePod 以高價及具備很好音質為其特色，很明顯地是針對高階市場。

HomePod 預計 2017 年底上市。

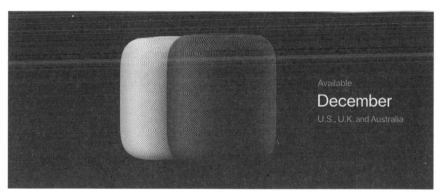

圖 3.23：**Apple HomePod**

取自網路 http://www.businessinsider.com/apple-amazon-echo-homepod-2017-6

3.4.1.4　Insteon 的 Hub 及 Hub Pro

Insteon 出了兩款中控智慧家居連線裝置。Hub Pro 支援 Homekit 且支援 iPhone 系列、iPad 系列產品以 APP 及 Siri 做控制。Hub 則

支援所有智慧型手機上的 APP 做控制。透過這個裝置，連結 Insteon
的其他裝置很方便。

3.4.1.5 三星的 Smartthings Hub

三星為了進入智慧家庭而以 2 億美金併購了 Smartthings 這家公
司，目的就是要用 Smartthings hub 當作智慧家庭的中心，同時支援
Wi-Fi、Zigbee 和 Z-wave 的通信協定的 Smartthings hub，加上三星
本身就是 thread 通信協定的重要推手，未來 Smartthings hub 可以
率先支援所有底層協定，這個讓廠商加入這個陣營的意願會增高。

圖 3.24：**Smartthings Hub**

取自網路 https://www.smartthings.com/products/
samsung-smartthings-hub

3.4.1.6　小米路由器

小米路由器（圖 3.25）本身就是 Wi-Fi 路由器，支援最新的 5G 傳輸速率，小米路由器是小米智慧家居的中心，目前以 Wi-Fi 為所有智慧家電的通信協定。

小米路由器有三種規格，Pro、標準版與 mini，差別是 Pro 版具備 4 根天線並內建儲存裝置，標準版具備 2 根天線並內建儲存裝置，小米路由器 mini 具備 2 根天線但不內建儲存裝置；目前標準版出到第三代。

圖 3.25：小米路由器 mini

攝影者：裴有恆

3.4.2　智慧家電系統

家用電器要使用對應的通信協定（Wi-Fi、藍芽、Zigbee、Z-wave、Thread），才能彼此溝通，因為早期的智慧家電都是用 Zigbee 溝通的，中期 Z-wave 插進來，現在 Google 帶著 thread，Apple、小米及

IT廠帶著Wi-Fi、藍芽進來這個市場：這個市場很零碎，而且很有地域性。廠商必須要依據自己出貨的市場，做不同的通信規劃。

　　現在相關的家電廠其實都有智慧家電的計畫，但是後裝市場的進度不快（中國大陸在這塊的動作跟台灣比快很多），保全和豪宅在台灣的合作夥伴與廠商也差不多確定了。智慧家電系統中目前以電視、空調、冰箱與洗衣機為主要發展產品。電視強調無線聯網、直接播放外接裝置內容、手勢操控、語音控制與顯示高解析度（4K、8K）為主要功能趨勢；空調強調根據室內人數自動調節溫度的功能；冰箱也強調聯網及儲存食品用盡提醒的功能，讓主婦在家可根據冰箱螢幕顯示聯網食譜以直接做菜；最新款智慧洗衣機則強調自動洗衣、烘乾及折疊功能。

圖 3.26：三星智慧電視

來源：三星官網 http://www.samsung.com.tw

　　以下舉出幾個大廠的智慧家電系統：

3.4.2.1 海爾的 U+

海爾是中國大陸最大的家電廠，也是之前所提的後裝市場 AllSeen 陣營的重要支柱，但是它在中國大陸並沒有要用 AllSeen 陣營的 AllJoyn 的通信協定，反而是跟華為結盟後他在中國大陸推的 U+ 系統會採用 HI LINK 協定。不過這只要組裝時針對不同市場用不同的通信模組就好了。

海爾的智慧家居產品包含電視、烤箱、空調、冰酒庫、洗衣機、冰箱⋯等等（圖 3.27）。

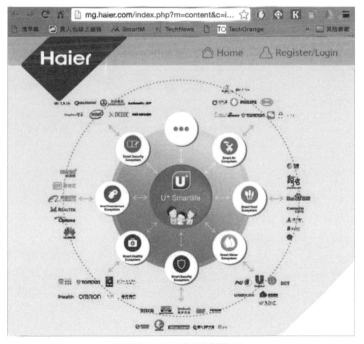

圖 3.27：海爾智慧家電 U+

3.4.2.2　三星的 Smart Home

三星在智慧家電非常的積極，除了併購 Smartthings，三星消費電子部總負責人尹富根（B.K. Yoon）對外宣告，三星在 2020 年所有旗下的家用電子產品都會是聯網產品[15]，可見三星的決心：三星把智慧家電當作是自己主要進攻產業的下一個契機。

三星的智慧家電產品有電視、冰箱、洗衣機、冷氣、掃地機器人、音響…等等（圖 3.28）。

圖 3.28：三星的 Smart Home

取自網路 http://www.engadget.com/2014/04/02/
samsung-smart-home-app-service-ready/

---

[15] 法新社西元 2015 年 2 月 3 日的新聞。

3.4.2.3　松下的智慧家居

松下在西元 2012 年就已經開始作用手機 APP 控制的智慧家電，他本身也是 AllSeen 陣營的重要成員。松下的智慧家電有電視、音響、洗衣機、電冰箱、空調、電鍋、微波爐、空氣清潔機…等等。

在 2016 年的 CES，松下宣佈他們的新智慧家居技術 ORA，一個能整合生活體驗在智慧家居或智慧建築的軟體平台票。

據松下工作的朋友告訴我說，台灣松下電器跟遠雄建設有很好的合作，他們的智慧家居設備 Smart HeMS（圖 3.29）有導入遠雄二代宅。

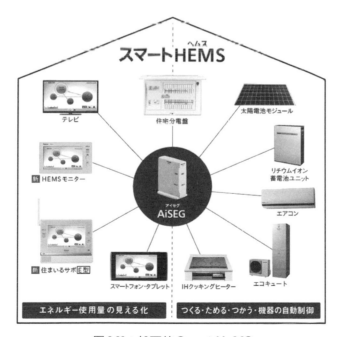

圖 3.29：松下的 Smart HeMS

取自網路 http://www.hara-den.jp/archives/2847

3.4.2.4 LG 智慧家電

　　2017 年是 LG 台灣的 IOT 元年，在 2017 年 4 月 LG 發表了全系列的智慧家電，包含 TWINWash 雙能洗 WiFi 滾筒洗衣機全面升級，可使用 APP 在遠端啟動、預約洗衣等功能；LG 門中門魔術空間 WiFi 遠控版對開冰箱，除了遙控外，還內建藍芽喇叭，讓做菜時還能盡情享受音樂；LG DualCool 雙迴轉變頻空調 WiFi 遠控版，可用 APP 遠端設定運轉模式、溫度、風速等，隨時隨地都可掌握居家溫度；另外還有清潔機器人、空氣清淨機、智慧電子櫥櫃及除溼機…等等產品。都是透過 SmartThinQ APP 加上 LG SmartThinQ 智慧感應器套組串聯及遠端操控全系列智慧家電。

　　LG 在韓國之前就已經導入物聯網系統，2014 年還跟 LINE 合作，達成使用 LINE 就可以遙控系統中的智慧家電。

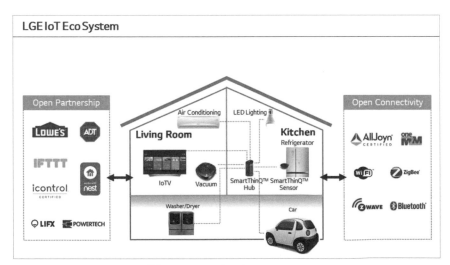

圖 3.30：LG IOT Ecosystem

取自網路 http://www.lgnewsroom.com/2015/12/lg-advances-smart-home-ecosystem-with-smartthinq-hub-at-ces-2016/

3.4.2.5　小米智慧家庭套裝

　　小米自從發布小米路由器之後，就開始展開一系列智慧家電的產品的結盟，其實小米自己開發的只有小米電視、小米路由器、小米盒子、小米隨身 WiFi、小米手機／平板、小米電視，其餘的都是找合作廠商，還立下了 3~5 年 100 家合作廠商的目標。

　　小米這款智慧家庭套裝（圖 3.31）含小米多功能網關、小米人體傳感器、小米門窗傳感器、小米無線開關等套件。小米路由器是以 Wi-Fi 對外通信，但是小米智慧家庭彼此間用 Zigbee 通信。

圖 3.31：小米智慧禮品裝

取自網路 https://item.mi.com/1171600028.html?cfrom=list

3.4.3 其他

3.4.3.1 智慧插頭

智慧插頭是針對非智慧裝置都可以由家庭閘道或智慧型手機以通訊方式來控制。透過這個智能插頭直接開與關來管控用電。

台灣政府之前在澎湖做智慧電網的實驗，在每個試驗家庭放了一台智慧冷氣，而其他重要的電器都會搭配智慧插頭來控制，把對應電器的使用電量傳回智慧電表，以做電力資料分析及控制。

以 D-Link 推出的 DSP-W215 智慧雲插座（圖 3.32）為例，直接由智慧型手機就可以操控。

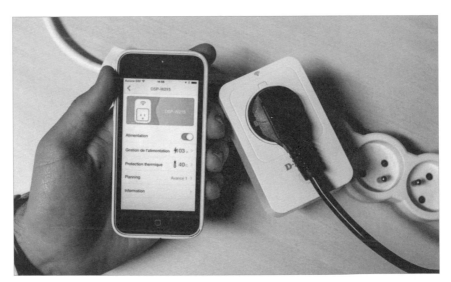

圖 3.32：D-Link 智慧雲插座

取自網路 http://www.01net.com/tests/test-d-link-dsp-w215-
la-prise-pilotee-aux-fonctions-minimalistes-4804.html

3.4.3.2 智慧燈光

燈光用智慧手機或家庭閘道透過無線通訊（Wi-Fi、藍芽、Zigbee 或 Z-Wave）遙控是智慧燈光的特色。

以「Philips Hue 聯網智慧 LED 燈泡」（圖 3.33）為例，他是一款可透過手機 APP 遙控顏色特殊燈光組，它現在也加入了很多智慧家居陣營中。不僅限在家中使用，透過申請一個 hue 帳號，還可以遠端遙控燈泡開關。Hue 燈光組還開放 API 讓第二方做自己的 APP，透過這些 APP 可以自由控制燈光。

圖 3.33：**Hue** 燈泡

取自網路 http://www.thegeargrid.com/gadgets/philips-hue-personal-wireless-led-lighting-starter-pack

SONY 在智慧家居除了本來
就很有名的電視之外，另外一
個很努力的領域就是智慧燈
泡，SONY 的智慧燈泡（圖
3.34）是結合藍芽喇叭，還整
合了電視遙控器。內建電池可
用 Micro-USB 接頭額外充電，
充滿電需 3 小時，充電後可獨
立用 16 小時。

圖 3.34：**Sony** 智慧燈泡

取自網路 https://www.sony.com/electronics/
wireless-speakers/lspx-102e26

3.4.3.3 智慧傢俱

智慧傢俱有很多種可能，鏡子、椅子、桌子⋯

智慧鏡子：

松下（Panasonic）開發了的智慧鏡子「Smart Mirror」（圖 3.35），
它可以做到化妝預覽，完全運用到擴實境的技術，讓使用者可以未上
妝先體驗上妝後的風格。可以模擬的有眉妝、眼妝、腮紅、唇妝和鬍
子等，選擇後再看整體的化妝效果。還可以看到幾個使用者用過這個
化妝模式以及多少使用者喜歡這個內容的社群激勵部分。

它也可以做到皮膚分析的功能，利用毛孔、斑點、皮膚透亮程度、
皺紋、微笑紋五項內容做成雷達圖，可以看出你的皮膚是否需要水
分，而且跟之前的狀況比較，看皮膚狀況是否改進，而如果這是使用

保養品的結果的話，就可以知道保養品的使用是否有效，並具體提出改善的方式，像是遮瑕膏等。同時它還能跟智慧型手機上的行事曆同步，提醒你是要上班、出席聚會，對應到不同的妝。

　　在鏡子的底部具備化妝面膜製作機，經過演算法分析後生成一種化妝面膜，用戶透過設備將妝敷上臉部，就完成化妝了。不過 2016 年底版本的設備產生的這個面膜利用數分鐘製作好，但是需一天風乾後才能使用。

圖 3.35：松下智慧鏡子

取自網路 https://www.youtube.com/watch?v=QgQ9yqM4et4

智慧椅子：

　　現在已經有很多聯網的按摩椅，可以透過 APP 遙控，讓按摩椅可以透過 APP 程式設定，其實更方便。

　　台灣工研院也研發出「智慧健康椅」，以人性化無感的方式，量測五種生理訊號：體重、心跳、血氧、血壓以及運動量。此資料還可上傳雲端，讓親友知道，以發揮互相激勵的社群效應。

　　另外，日本 Nissan 開發的智慧椅在設定位置後，在移動到其他位置後，拍掌後就會回到設定的位置。

　　智慧椅另外一個重點是人體工學設計，Darma 的「智慧椅墊」（圖3.36），開發了配合坐墊使用的 iOS APP，坐墊中內置具感應器，能夠透過心跳率和呼吸頻率判斷使用者的緊張程度，以此建議用戶做適度的舒緩運動。感應器亦可偵測用戶的坐姿，保護脊椎健康。針對客戶長時間坐著，iOS APP 也會定時提醒用戶起身活動一下，可以防止腰骨疼痛。

圖 3.36：**Darma** 的「智慧椅墊」

取自網路 https://thenextweb.com/gadgets/2014/09/30/darma-smart-cushion-making-smart-ass-smarter/#.tnw_dgLTMEK9

智慧書桌：

位於加州的 Stir 智慧書桌「Kinetic Desk」（圖 3.37），你可以根據統計數據設定喜好，設定你何時想站著、何時想坐著，它就可以在特定的時間提醒你。當你設定的站著時間到了，它就會自動升起；而坐著的時間到了，它又會降回去。站著跟坐者的高度還有幾段設定，可以根據需求來設定所需的高度。

圖 3.37：智慧書桌 Stir Kinetic Desk

取自網路 http://www.stirworks.com/stir-kinetic-desk-m1/

3.4.3.4 智慧寢具

智慧床墊：

工研院研發了「智慧床墊感應模組」，以電容感應的方式，能精確感應臥床長者的動作，可以感測長者翻身或下床。當長者下床時，就可以通知照顧者，或聯繫家中的中控系統，打開對應的廁所或走廊的燈光，以避免跌倒意外發生。

　　另外，世大化成與元智大學合作做出了「守眠者系列」（圖 3.38）智慧型床墊，運用「生理感測科技」記錄睡眠的過程動態，紀錄過程不需要配戴任何裝置。而且還可以有效感測睡眠呼吸中止問題，緩慢台升降調整頭與頸部的傾斜角度，以利恢復正常呼吸，改善這個問題。可以連接手機 APP，擷取睡眠品質資訊。

圖 3.38：守眠者床墊

來源：世大化成官網

　　嬰兒剛出生，喜歡趴著睡，而父母最擔心的就是這時嬰兒的意外，往往因此夜不成眠，所以台灣業者 uBabyCare 做了「uBabyCare 智慧型聰明嬰兒床墊」（圖 3.39）為全球首創連接智慧型手機，以光學

技術感應寶寶呼吸及活動狀態，可以用手機連接，可以有嬰兒睡醒通知，不在床通知，也可以播放爸媽聲音與寶寶催眠曲、故事、音樂等聲音或音樂，也可以做到餵奶提醒、嬰兒活動狀態與睡眠紀錄。

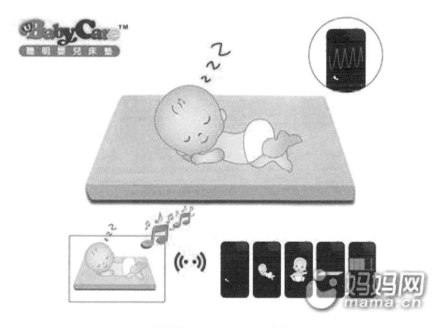

圖 3.39：**uBabyCare** 床墊

取自網路 http://www.mama.cn/buy/art/20150209/775467_2.html

智慧枕頭：

　　如果晚上睡不好，可以試試這款「Chrona 智慧記憶棉枕頭墊」（圖3.40），只要把這頭墊放進枕頭套中，就把枕頭升級為智慧枕頭，不但能記錄睡眠狀態，還可以發出促進睡眠的 Delta 頻率範圍音波（對

身體有益無害）. 他可以透過藍芽傳輸資料給智慧手機，設定睡眠最佳化，檢視睡眠程度。而且在你設定起床的時間先播放高頻率音效，再選擇適當時機輕輕震動，把使用者叫醒。

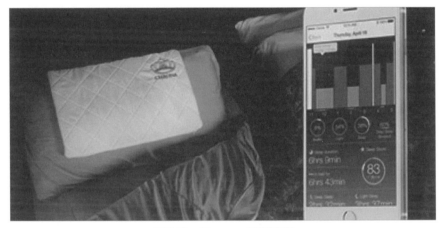

圖 3.40：**Chrona** 智慧枕頭

取自網路 http://www.huffingtonpost.com/2015/04/16/
chrona-pillow_n_7061468.html

3.4.3.5 智慧門窗

這個部分的需求目前看到的是門窗的遙控／自動控制開關，門鎖的生物辨識、密碼控制與遠端遙控開關，窗簾的隨情境拉開或闔上。

門鎖的生物辨識用到的有對主人的虹膜辨識直接開門、或是指紋辨識來開門，而窗簾的隨情境拉開可以搭配主人還在睡時就緊閉窗簾，主人起床時而外面是晴天，就自動拉開窗簾，讓主人感受到陽光的燦爛。作者之前到中國內地講課時，所住的旅館房間有白天出門時會自動拉上窗簾，白天回房時會自動打開窗簾的應用。

3.4.3.6 智慧廚具

智慧瓦斯偵測器：

　　智慧廚具現在比較大的關切點都在出門有沒有忘了關瓦斯，造成火災或瓦斯漏氣。所以如果能夠偵測一氧化碳及自動／遙控關瓦斯是比較多的需求，而關瓦斯的需求可能對容易忘記的老年人效用較大。

　　中保無限＋就有廣告強調說他們的服務可以自動阻斷瓦斯，而且同時會派專員前來關切。

智慧瓦斯爐：

　　Dacor「Discovery iQ48 智慧瓦斯爐」（圖 3.41）內建 Android 4.0 系統，具備 7 吋的觸控螢幕控制，透過此觸控螢幕，調整火的溫度是對應的溫度，並可以透過智慧型手機進行遠端控制。

圖 3.41：Dacor「Discovery iQ48 智慧瓦斯爐」

取自網路 http://www.cnet.com/products/dacor-discovery-iq-48-dual-fuel-range/

3.4.3.7　智慧浴室

智慧馬桶：

　　現在的智慧馬桶越來越聰明，TOTO 就有款智慧馬桶可以根據你坐在馬桶上的時間，小於 30 秒的是小號，大於的則是大號，來決定沖水的量。可以除臭、當然有暖座、沖洗下部的這些基本功能。

智慧嬰兒浴缸：

　　台北城市科技大學電腦和通訊工程系講師蔡耀斌帶領著學生做了一款「藍芽智慧嬰兒浴缸」，可以自動測水溫、放音樂，當水位過高時，還會響起警報聲。

　　這款浴缸會根據水溫來顯示燈光，攝氏 30° 以下發出藍光，表示溫度太低，此時洗澡易感冒；31° ～ 39° 是發出綠光，表示溫度適中適合，40° 以上顯示紅光。代表水溫過高。這些資訊可以透過藍芽傳到智慧型手機上，讓手機能夠即時收到浴缸溫度資訊。另外，家長可透過藍芽播放手機中的音樂或聲音，在洗澡時安撫寶寶的心情。

智慧牙刷手把：

　　英國創新團隊 Playbrush 開發了「Playbrush」（圖 3.42）智慧牙刷手把，可以讓刷牙有邊刷邊玩遊戲的創新趣味方式，把牙刷套進「Playbrush」，接著開啟智慧型手機上對應「Playbrush」的遊戲「Utoothia」，「Playbrush」會透過藍芽連結至智慧型手機，最後就是藉由實際刷牙的動作作為遊戲的輸入。因為「Playbrush」內建的

運動感測器，可以監測刷牙時是否同時顧到每顆牙齒，並且刷牙方式正確，這樣可以讓小孩在正確的刷牙方式中進行遊戲。

「Utoothia」的遊戲內容就是幫助牙仙子收集魔幻牙齒，以正確的刷牙方式刷牙完成，遊戲角色就會等級提升，讓小孩透過此方式增加刷牙意願。

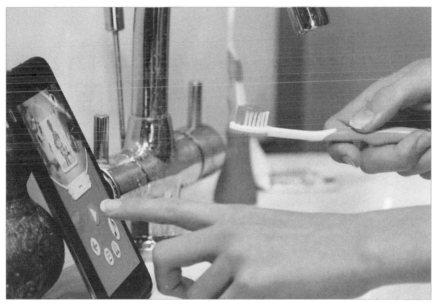

圖 3.42：Playbrush

取自網路 http://www.geeky-gadgets.com/transform-your-childs-teeth-brushing-into-a-game-with-playbrush-25-11-2015/

3.5 結論

　　智慧家居的目的是讓家居生活更方便，而透過這一系列發明的確達到這個目的，不過這些產品現在都價格偏高。但是隨著越來越多的廠商投入，與使用元件價格的日益降低，這些產品將會越來越平價。而現在最大的困境是選擇太多而彼此不能通訊相容，這是現在首要解決的事情。

　　在解決之前，智慧家居在不同的區域因為不同的廠商／陣營主導，幾個家電／ 台灣的 IT 大廠（海爾／松下／三星／華碩／友訊）選擇根據不同區域做不同陣營的產品，這是相對聰明的決定，不過不適用於中小企業，畢竟這是大成本的投資，我建議中小企業要考慮自己主攻的市場來決定自己的陣營。

讀後思考：

1. 智慧家居現在沒有普及，最大的原因是什麼？

2. 不考慮預算問題，如果家裡裝設智慧家居設備，那你打算如何買進與裝設這些設備？選擇哪家公司或陣營？為什麼？

3. 這麼多智慧家居的陣營，你最看好哪一個？為什麼？

智慧健康產業

4.1 漫談智慧健康產業

人類活在世上，自古就有希望自己能夠活久一點的渴望，隨著醫療產業越來越進步，人的壽命也越來越長。但是隨著時代進步，黑心產品、基因改造產品也越來越多，食不安心已經是現代人的新擔憂，而因此，健康議題也越來越受重視。

Leavell & Clark（1965）把健康預防策略分成三級，初級預防：包含健康促進與保護；次級預防：包含早期診斷與治療；三級預防：包含限制殘障、復健。工研院更進一步將這三段對應成三段五級的概念：三段：保健、醫療、照顧；五級：1. 健康管理 2. 疾病預防 3. 疾病診斷 4. 疾病治療 5 復健康復 [16]。

之前我們提到的穿戴式裝置，像有心率量測功能之智慧手錶手環、Corpo X 智慧衣、Hexoskin 智慧衣、Adidas MyCoach 訓練運動衫、UnderArmour39 胸帶、智慧襪 Sensoria、智慧鞋墊 profileMyRun、Mimo Onesie。

嬰兒智慧衣都是針對健康管理用的，Active Protective 衝擊防護氣墊是做疾病預防用的，Hwear 數位服裝是用來診斷及緊急治療用，Quell 智慧繃帶是專門治療疼痛用，以及 Tipstim 手套是用來復健用的，其實針對三段五級的各個用途，穿戴式裝置都有對應發展，但是以健康管理的開發品項最多。

---

[16] 出自工研院 2015 年報告物聯網應用發展趨勢與商機：智慧健康篇。

　　保健的目的是做好個人健康管理，同時希望做到疾病預防，而穿戴式裝置在這個時候可以發揮很大的作用。醫療是做到診斷後治療，在物聯網的時代，最終應該會進展到遠距診斷與治療，當然，大病還是要到醫院。但是年長者／病人以後在家中就可以直接跟醫護專家遠距溝通，並應用在家用的穿戴裝置或醫療量測器材連線，將病人的狀況傳達給健康管理中心。

　　根據聯合國人類發展報告中指出，全球老年人口占總人口比率將由1950 年的 8%、2000 年的 10%，上升至 2050 年的 22%，以台灣為例，根據國發會資料顯示，民國 103 年到 114 年每年高齡人口成長率均大於 4%，又根據衛生福利部資料顯示，職業醫護人員日益下降，目前台灣的護病比已到 1：13，遠遠超過日本的 1：7 及美國的1：5。在這樣的情況下，預防醫療在台灣就變成很重要的一環，

　　美國市調機構 Frost & Sulliven 的報告（圖 4.1）中指出，醫療支出順應這個趨勢，原來治療的部分至 2025 年將大幅下降，取代的是預防、診斷、監測部分的上升。要達到這個目的，就要使用物聯網的高科技，達成日常預防、遠端診斷，及在家監測。

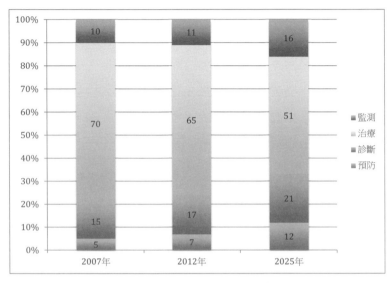

圖 4.1：個人醫療支出佔比預估圖

資料來源：Frost & Sulliven

4.2 健康管理與疾病預防

「預防重於治療」，是自古以來的明訓。等到生病，才做治療，問題都是比較嚴重了，以前我們對身體的異狀通常等身體出狀況了才意識到，但透過健康用的穿戴式裝置，可以瞭解使用者本身的心律、血壓、血氧、體溫、呼吸頻率、呼吸量及步速等數值。這些數值會存在雲伺服器上成為大數據，針對這些數據形成的個人健康趨勢模型，可以了解個人健康狀況，做好確實預防。而老年人有三高（高血壓、高血糖、高血脂）是很正常的事，透過穿戴式裝置或家中的連網量測器材可以做好健康狀況瞭解，對年長者健康管理很有幫助。

4.2.1 健康管理

健康管理需透過各種各樣的量測器材來協助量測：例如 Google 研發了可以量測淚液中血糖的隱形眼鏡，在內部嵌入微型電子裝置，但是經由虹膜與瞳孔的視覺路徑不受干擾，還具有比頭髮還細的無線天線，可以傳送資訊，現在給一起開發的諾華（Novartis）應用在旗下的愛爾康（Alcon）產品中。

另外瑞士公司 Sensimed 發明了一種軟式隱形眼鏡「Triggerfish」（圖 4.2），可持續監測角鞏膜區域四周的自發性眼壓，其感測器可以在 24 小時內收集 288 次眼壓數據，然後透過眼部周圍的白黏天線傳輸數據到可攜帶式記錄器。記錄結束後再從此記錄器以藍芽同步給醫生的電腦。

圖 4.2：Sensimed 軟式隱形眼鏡「Triggerfish」

取自網路 http://www.sensimed.ch/en/sensimed-triggerfish/sensimed-triggerfish.html

4.2.2 健康異常發現與疾病預防

在國外大數據已經確定可以做到健康異常發現與預防的工作：像是
Kaiser Permanente 花費了 60 億美金在美國以龐大的電子健康記錄
系統資料庫服務九百萬人，透過這些資料的分析，可以及早發現健康
問題及有助於預防疾病。並與社區醫院及學校醫護中心等機構合作，
提供保險諮詢。

也因此健康大數據管理平台的重要性與日俱增，國內台北醫學大學
附設醫院系統，國外大廠紛紛投入這塊領域：像 Microsoft Health、
Apple Health Kit、Google Fit、Samsung Digital Health[17]。

Microsoft Health 平台在 2014 年 10 月 30 日推出，搭配同時推
出的 Microsoft Band 第一代，但是後來整合與收集來自各家裝置的
健康數據，提供專業建議，訓練指引與回饋反而成了這個平台的特
色。據工研院的分析，Microsoft Health 平台未來很可能整合自家跟
各家醫療器材串連的慢性病管理分析的 Health Vault 醫療平台，提供
專業臨床醫療端決策與服務之用。

Apple Health Kit 平台協助收集個人基本資料、心跳、體重、走路
紀錄、血糖、膽固醇…等等生理數據，目前設計與 Apple Watch 及
其他符合 Health Kit 的裝置如 iHealth 的產品，並透過 Research Kit
做醫療等級分析。

---

17 出自工研院 2015 年報告物聯網應用發展趨勢與商機：智慧健康篇。

Google Fit 平台讓消費者上傳健身與健康數據，開發商在用戶允許下使用這些資料創新服務。Google 則透過 Google Fit APP 的廣告及個人化廣告獲得收入。Google 提供的是 Open API，透過 API 可以跟 APP 整合，讓合作夥伴可專注利基產品，目前的合作夥伴有智慧型手機製造商 HTC、Asus 跟 LG，體重計 Withings、心跳帶 Runtastic…等等。

三星（Samsung）的 SAMI（Samsung Architecture for Multimodal Interaction）搭配 S Health APP，搭配三星自己的穿戴式裝置及其他合作夥伴的穿戴式裝置進行大數據的收集，並進一步的透過演算法進行加值分析。Samsung 更積極切入醫療應用，如與 WellDoc 合作糖尿病管理計畫。

4.3 智慧醫療

透過物聯網，醫療院所現在器材更智慧了。在智慧醫療上台灣已經開始推廣電子病歷：台灣全民健保推廣的個人健康存摺就有電子病歷的功能，而任何人都可以透過晶片讀卡機以健保卡申請密碼或直接用自然人憑證下載自己的電子病歷。

4.3.1 醫院智慧化

台灣的各大醫療院所大部份現在都具備有電腦或手機掛號功能，透過電腦網頁或手機 APP，消費者可以很方便的掛號。

在台灣的一些醫院，護士巡房時量測病人狀況後就直接以藍芽通訊直接上傳到這護士的醫療平板上，這樣護士就可以避免抄錯數值的窘境，而護士給藥也可以透過影像辨識比對後提醒以避免給錯藥，造成遺憾。

研華科技公司在 2014 年提供了智慧醫療方案，利用電子看板智慧掛號、病人可以利用病床邊的床邊照顧系統直接點選需求，手術室的資訊公開與管理：顯示病患手術進度（手術中、恢復中）於電子看板，且點選自動產生報告。這樣的系統已經獲台灣多家醫院採用（圖 4.3）。

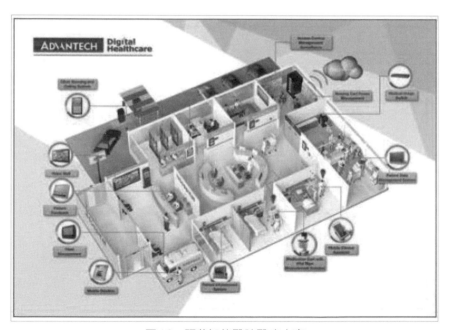

圖 4.3：研華智能醫院醫療方案

取自網路 http://www.middleeasthealthmag.
com/jan2015/advertorials.htm

4.3.2　治療協助

之前有提過 Google Glass 在醫療上的應用，讓遠端的外科醫生可以透過 Google Glass 的攝影鏡頭同步看到畫面來討論結果，其實頭戴式裝置的應用越來越多，例如 SONY HMS-3000MT 醫用頭戴顯示器，透過兩個 OLED 顯示螢幕，提供順暢的 3D 畫面，讓醫生可以舒服適當的操作角度視線。

外科手術醫療機器人達文西（圖 4.4）帶來醫療很大的進步，結合了 3D 視覺表現，既精準度又靈敏，並提供直覺且符合人體工學讓外科醫生在控制台操控開刀時很順利，而且開刀的傷口又很小，這樣病患恢復的就會很快。另外，在 2014 年 Medica 醫療展也展出很多台內視鏡扶持機器手臂設備，顯示由這些設備協助的穩定度可以協助外科手術的達成。

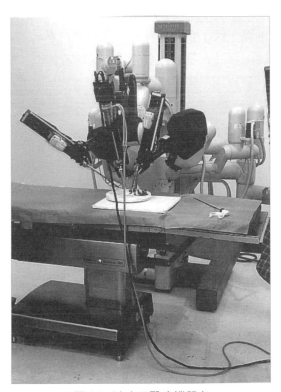

圖 4.4：達文西醫療機器人

圖源：Wikipedia CC 授權

作者：Nimur

而點青光眼藥水一般有 85% 是浪費的，加州大學更發明幫助青光眼有效滴入眼藥水的隱形眼鏡，它崁有微小鑽石，再裝入青光眼用藥水 Timolol Maleate。當此藥水與眼中酵素接觸後，藥水就會被帶動慢慢滴入眼睛，減少浪費並增加效用。

過去幫鼻胃管病人餵食很麻煩，台灣的民揚生醫發明了一款「安全自動鼻胃管灌食系統」，操作方便，是很不錯的醫療器材。

日本大塚製藥做的數位藥丸 Abiify，針對精神分裂和阿茲海默症所研發：服下後這顆藥丸從口腔到胃壁，被胃酸溶解後，就自動發出訊號，送進身上的類似 OK 繃的接收器貼片，在透過藍芽把這個資料送給智慧型手機或電腦上。這些資料包含病人有沒有按時吃藥、健康狀況等資料。最後這顆數位藥丸會慢慢溶解，隨食物排出體外。

4.4 遠端監測照護

台灣的健保一直為人詬病的是醫療資源的浪費，而台灣在 2025 年可見的嚴重老年化與醫療人員日益減少，可想而知，未來醫生、醫療院所及醫療器材一定會嚴重不足，所以如果改成遠端監測患者健康狀況，發現有問題再馬上進醫院，可以避免醫療資源的浪費，更可以緩解醫療資源的不足。

在台灣中興保全與新光保全主導的智慧家居都會搭配家用醫療量測器材，讓家中的年長者／病人可以量測自己的身體狀況，然後傳到遠

端的健康中心，還可以跟專家諮詢，如果發現有問題的話，就把相關的訊息傳給家人，讓家人可以及時敦促去醫院。而遠端的健康中心有醫療專家提供相關服務。

台灣的秀傳醫院就針對住在離醫院很遠的山區居住的年長者，實施遠端照顧與健康監看管理，這樣就可以保持監看狀態，不會因為住的地方離太遠而病床又不足而造成來不及救援的情形。遠距照顧現在很多醫院都投入，尤其台灣的長照 2.0 十年計畫，特別強調社區照顧，這需要穿戴式裝置與各級醫療體系的合作，讓需要照顧的年長者與病人回到社區，透過利用聯網醫療器材與穿戴式裝置把年長者與病人的生理狀況傳回系統監控，需要時再請病人就診，這樣也可以減少醫護人員負擔。

像美國的 Intel-GE Care Innovation LLC 是英特爾（Intel）和奇異（General Electric，GE）合資成立的醫療電子公司，他們的 Quiet Care 監測平台（圖 4.5）就是針對獨居年長者的研發的遠端監測照顧產品，Quite Care 先利用 7-10 天收集年長者的生活習慣並分析之，之後透過居家感測器組偵測得知的獨居年長者的生命跡象數據，再將此數據傳給醫療院所，發現異常時，醫護人員就可以依此提供需要的適當治療。

圖 4.5：**Quite Care** 系統

取自網路 https://www.fastcompany.com/1734575/how-intel-
and-ge-will-monitor-your-grandma-her-own-good

　　而遠端治療礙於台灣的法律，目前是無法進行，但是在中國目前進行的如火如荼，還結合大數據。

4.5　復健與行動輔具

　　透過虛擬實境影片，就可以在室內安全可監控的場地執行復健活動，透過有趣的內容還有影音回饋，讓使用者願意持續使用。

　　以 Lokomat 機器人步態訓練 Nanos（圖 4.6）為例，還可偵測下肢肌肉是否收縮或是不正常的活動，這樣就可以以機器矯正。

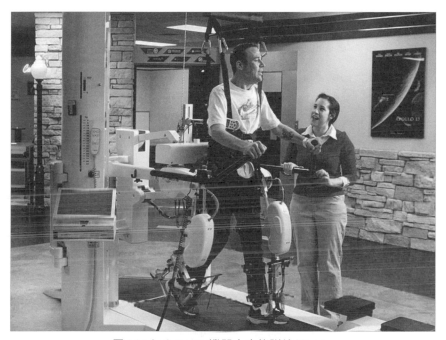

圖 4.6：**Lokomat** 機器人步態訓練 **Nanos**

取自網路 http://greaterkansas.mdnews.com/christi-
offers-new-advanced-tools-patient-rehabilitation-
lokomat-unit-other-technologies-give

　　台灣的上銀科技也做了一台「下肢復健機器人」（圖 4.7），在病患行走復健訓練時，透過機械外骨骼結構與自動控制系統，支持帶動下肢三個關節，讓病患可以模擬正常人行走步態，而且透過血壓、心跳、血氧濃度等身理量測，確保使用者安全，而訓練記錄可作為復健計畫的參考。

圖 4.7：上銀「下肢復健機器人」

取自網路 http://www.medgadget.com/2015/05/touring-taiwans-
medtech-sector-hiwin-enters-medical-space.html

　　無獨有偶，美國德州大學奧斯汀分校（The University of Texas at
Austin）的工程學院開發出第一套雙臂復健用機械外骨骼系統
「HARMONY」，針對脊髓損傷或神經受損的患者，讓患者穿戴上這
套裝置，就可以根據裝置收集到的數據來分析判斷。它自然的動作和
可對應調整的壓力和力量，讓機械手臂穿戴起來幾乎沒有重量感，這
樣就可提供完整的復健治療。

　　另外，台灣的龍骨王公司利用微軟的 Kinect 技術開發了「龍骨王
PAPAMAMA 體感復健系統」（圖 4.8），透過將復健動作做成有趣的
遊戲化軟體，增加使用者的復健的意願及動機，而且遊戲內的動作皆
是與專業醫療人員合作針對臨床需求開發出來的，所以有了這套系
統，就可以把復健系統帶回家。而所有動作的數據都會傳到雲端並分
析之，以供醫療人員管理檢視。而它的「舞太極」遊戲適用於中風病
人、平衡受損病人、失智症年長者。

圖 4.8：龍骨王 PAPAMAMA 體感復健系統

來源：龍骨王官網

　　在行動輔具的部分，台灣生產的輪椅與代步車是世界有名的，而元
智大學年長者福祉中心也設計了「智慧型機器人輪椅（intelligent
Robotic Wheelchair，iRW）」，這個輪椅做到了全向移動、多自由度

座椅調整跟對外通訊三大功能，滿足高齡者／無力行走的病患獨立行動、生活休閒與健康照顧的需求。全向移動功能為左右前後移動、左右平移及順／逆時針旋轉，而且可以室內導航、搖桿控制與遠端操控。多自由度指它可以做到升降起伏、前後翻滾及左右橫移功能。

4.6 照護機器人

在物聯網時代，機器人佔有很重要的地位，其中最常見的應用，就是工業機器人與照護機器人。尤其台灣接下來老年化的速度會非常快，除了遠端照顧之外，利用照顧機器人來應對這個趨勢，是必然的結果。而照顧機器人在日本發展得非常快，台灣則有上銀開始嘗試做這樣的機器人。

網路上一直流傳著一個故事，在前一陣子新力（SONY）宣佈旗下機器狗第一代「AIBO」（圖 4.9）中止更換零件服務時，一位擁有「AIBO」狗的老婆婆非常傷心，因為她已經把「AIBO」當作是他的家人了。 有趣的事，第一代「AIBO」1999 年問世，本身原來設定是娛樂用，但是因為陪伴年長者反而造成了照護的作用是始料未及的。

在日本，「Paro 海豹照顧機器人」（圖 4.10）於 2001 年出現。目的是利用它可愛的外表來安撫在醫院的病人及療養院的年長者。這個機器人可以以類似真正小海豹的聲音模擬情緒跟人互動，如驚訝、快樂跟憤怒，並以這樣的方式讓人輕鬆下來。

圖 4.9：AIBO

來源：Wikipedia CC 授權　作者：Stuart Caie

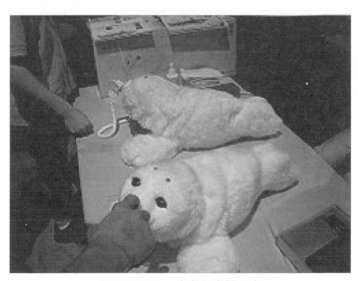

圖 4.10：**Paro** 海豹照顧機器人

來源：Wikipedia CC 授權　作者：Aaron Biggs

日本 2015 年，軟體
銀行推出了「Pepper」
（圖 4.11）這個 1.2 公
尺高，以輪子移動，懂
得觀察人的情緒，可以
和人趣味對話的機器
人。「Pepper」最主要
的功能是提供建議與陪
伴。「Pepper」的內在
設定是個小男生，會跟
你對話，如果你嫌他多
話按按他額頭他就會安
靜下來。你從他的胸口
的液晶螢幕上的氣泡是
散開還是聚合可以得知
他是否在聽你說話。

圖 4.11：**Pepper**

來源：Wikipedia CC 授權

「Pepper」會識別與他交談的人的表情，如果對方聽了他說了的笑話
不笑，他會把這個反應上傳回雲伺服器中，儲存下來，這樣其他的
「Pepper」機器人下次就不會用這個笑話了。「Pepper」現在非常受
歡迎，在軟體銀行門市中都會有一台協助銷售，而他可愛的模樣也讓
軟體銀行門市的人潮增加許多。「Pepper」現在已經進入日本家庭，
在日本的年長者出門時都會帶著自家 Pepper 機器人一起，可見他們
的重視。

　　Pepper 機器人在台灣現在主要是給零售店做招攬客戶之用，在第一銀行、奇美博物館、一之軒…等等實體零售點，是由鴻海集團導入，目前是以租賃方式，月租比 22K 新台幣高。

　　同年，日本研究機構理研（Riken）發展出最新的照顧機器人 -ROBEAR（圖 4.12），故意設計讓外表像隻可愛的熊，期望能夠支援醫療專業看護的工作，可以將病人從病床上抬起移動、協助年長者或行動不便者行走練習。它附有電容式觸覺感應器，可以感應病人身體對於力道的任何阻力，進而調節機械動作的速度與壓力。

圖 4.12：**ROBEAR**

取自網路 http://robotfacebook.edwindertien.nl/product/robobear/

在台灣，新光保全推出「新保六號照顧機器人」（圖4.13），這個機器人個子非常小（15公分高），但是可以提醒家中年長者吃藥；家中年長者想跟兒女通話時，就可以對機器人說出想打電話跟誰通話，就會自動連上對方手機通話，還可以透過手機連接機器人，直接利用機器人所附的攝影模組觀察家中年長者／小孩的動態。但不適用拿來看寵物，因為寵物會亂咬。

圖4.13：新保六號機器人

出處：新光保全 新保六號機器人

台灣的華碩電腦也出了Zenbo機器人（圖4.14），以台幣兩萬左右的價格買回家，比Pepper一個月的租賃價格還便宜，也跟巧連智合

作，讓小朋友很喜歡跟它玩。Zenbo 本身有不少功能，可以透過他打電話對外聯繫，而跟年長者照顧有關的是可以聯繫宅配慢性處方籤及跌倒偵測。

Zenbo 機器人本身是以 Android 的系統為 Base，現在釋出 SDK 與開發套件，讓開發者可以開發 Zenbo 相關程式。

圖 4.14：華碩 **Zenbo**

取自網路 https://www.pinterest.co.uk/pin/903535536253075591/

4.7 結論

利用物聯網裝置，強化健康預防、醫療、復健與照顧，搭配穿戴式裝置，與照顧機器人的人工智慧是現在的趨勢，透過生理資料的監控，知道了身體狀況，透過大數據分析，可以提早處理生病狀況，在

疾病的早期治療，例如監督癌症細胞的增生，一旦發現立刻處置，就可以避開太晚發現造成無法挽回的遺憾。

服務照顧機器人的越來越發達，讓年長者與病人的生活比較便利，有了便利的物聯網醫療器材，醫護人員除了方便之外，更可以更精確的診斷與餵藥，量測處理。

這就是智慧健康，這樣的生活值得憧憬。

讀後思考：

1. 智慧健康有三段五級，三段：保健、醫療、照顧；五級：1. 健康管理 2. 疾病預防 3. 疾病診斷 4. 疾病治療 5. 復健康復，而現在發現過去以疾病治療及復健康復的醫療預算，將逐步轉到健康管理、疾病預防與疾病診斷，是什麼造成這樣的趨勢？

2. 照顧用機器人在未來被視為重點項目，為什麼？

3. 試規劃至少一套穿戴式裝置與智慧健康裝置的整體系統，這套系統可以協助個人健康狀況了解、疾病預防與診斷。

5

商機

5.1 商業模式

商業模式就是一家公司賺錢的方式。在臺灣的電子業過去習慣賣出硬體賺錢，但是在物聯網時代，賺錢的方法很多元，不只賣硬體。在美國其實就已經開發出多種的商業模式，但是要客戶黏著度高，服務和大數據的加值是必須做好的王道。

以下是我看到台灣廠商可以發展的商業模式：

1. 賣出單一硬體給一般消費者：這是台灣廠商最熟悉的一種，但是這種也是最危險的一種，如果你的產品不特殊，沒有別人無法超越的特殊強處，你跟客戶就只有一次購買的關係。這樣的產品可以是穿戴式裝置，像是單一次購入智慧紡織品，而現在 Apple Watch、小米手環等穿戴式裝置也都是以這樣單一次購入模式賺錢。這樣的東西如果沒有特別的誘因，很容易之後被消費者換掉。現在的穿戴式裝置就往往很難讓消費者穿戴超過半年。如果再考慮中國大陸強大的硬體複製能力，用這樣的硬體販賣盈利模式更是堪憂。

2. 賣出智慧家居系統給一般家庭：客戶需要的是整個系統，智慧家居產品適合整個系統賣進客戶端，因為搭配性的關係，同系統賣給客戶可以省去客戶不相容的麻煩，台灣廠商在此就必須讓自己的產品成為系統搭配的其中一個部分。這種模式就如之前遠雄、路創等廠商導入豪宅或裝潢改裝的模式。這樣的優點是因為是一個系統，客戶如果單一設備換掉，必須回來找可以相容於同一系統的產品。

3. 對一般消費者收服務租賃費：運營商、寬頻廠商及保全廠商提供的智慧家居及智慧健康產品，因為有另外的服務（專人備詢、保全系統保護…等等），除了賣出設備的收費之外，還有對服務的定期付款的租約形式付費，例如台灣的中興保全就是以這種方式收費，而收費的基準還隨客戶需求的服務等級而有不同。

4. 賣出與租賃智慧健康設備給保險公司：保險商最在意的是理賠，跟保險公司合作讓他們買入智慧手環、手錶等健康偵測裝置送給他們的客戶，並告知客戶如果願意一直戴著這些設備讓健康狀況被記錄及公開給保險公司，而且運動達設定標準，他們的保費就可以下降，而這些設備記錄下來的健康數據，也會有另外的租賃費用，這當然也是跟保險公司索取。而針對客戶的健康資料，除了提供即時資料外，還可以跟醫院合作提供行為指導和疾病教育。這樣就可以大量降低死亡理賠的危險。在美國有一家 CardioNet 提供心臟監控服務，將心臟監控結果傳送給攜帶型傳輸感測器，然後傳給 CardioNet 在加州的監控中心，由專家根據這些資料分析，一旦異常可及時救治，而這樣的患者服務在 2013 年 6 月跟美國聯合健康保險公司簽約合作，提供醫療保險客戶同類服務；台灣現在富邦人壽也推出了天行健定期健康保險，客戶合乎要求的運動規律，第二年就會返還給客戶對應的紅利。

5. 向醫院收費：智慧醫療的醫療設備當然是賣給醫院，其中的數據服務，如果醫院自己沒有相關的專家，可能還要借助廠商相關的專家提供。像 IBM Watson 就有提供醫院醫生協助服務，這就是

一個很好的例子：台北醫學大學附設醫院系統現在就跟 IBM Watson 合作。另外，研華科技公司推出的智能醫院方案也是這樣的例子，現在員林基督教醫院、雙和醫院、中國醫藥大學附設醫院、亞東醫院、台中榮總…等等都已經導入這個產品。

6. 挖掘大數據的價值：不論是智慧家居、穿戴式裝置的感測器都會收集感測數據，而這些數據大都會傳到雲伺服器上，就可以作為研究客戶行為，找出異常或發現個人行為的趨勢模型，結果可以提供作為更好服務的依據。而本章前面說過，個人健康趨勢透過跟台灣的健保資料大數據的群眾模型比對，可能可以看出客戶有什麼疾病，提早發現、提早治療，這個價值相信會是很多客戶願意支付的額外費用。利用大數據應用深度學習的人工智慧也是另一種價值，可以應用在數位影像辨識與語音辨識上。

7. 另外也可能從大數據的資料中發現客戶特殊的需求，找到新的商機。 在智慧家居方面，就如歐洲愛爾蘭電力公司的方案，只要客戶肯跟他簽約兩年，提供自己的用電大數據，他就免費提供 Nest 恆溫控制器給客戶。

以上各種商業模式，各家公司可以考量自己適用的方式，找出對消費者的價值。

5.2 風險

　　機會與風險其實常常伴隨而來，前面提到物聯網廣大的商機，但也不得不提到它的風險，就像當年的蘋果的賈伯斯選擇跳入個人電腦產業，就已經是冒著巨大的風險，但是不入虎穴、焉得虎子，這也才有我們家喻戶曉的賈伯斯傳奇。

　　要在物聯網時代占得一席之地，不可能挑沒有風險的路走，面對風險，可以透過好的風險管控工具，來協助自己預防及減少風險。

　　風險可以分為使用者風險與企業風險兩個角度探討。

5.2.1 使用者風險

　　使用者風險是使用穿戴式裝置、智慧家居、智慧健康裝置的風險。對使用者而言，物聯網裝置是為了讓生活越來越便利的，只是這樣的便利，因為有網路連結，自然會有我們在現在熟知的駭客入侵、病毒作用的資訊安全風險，還有本身感測器的感測結果的資料是否正確的風險。

5.2.1.1 隱私暴露與駭客風險

　　大家可能聽過一些新聞報導，一個年輕高中女生為了舒適，在家裸體打網路電動玩具，結果她的電腦被駭客入侵，而她的電腦上的攝影

機就被駭客用來拍這個女生的裸照而不自知。這只是網路資訊安全的一角，現在的駭客很屬害，已經不只是用病毒侵入你的電腦，甚至你的電腦被駭客操控，你都不會知道。

到了物聯網時代，資訊安全風險依然存在，甚至更容易發生。之前就傳出電動車特斯拉被駭客入侵的事情，我想沒有人會希望自己是因為開被駭客入侵的電動車造成自己「意外受傷」吧！而智慧家居裝置與穿戴式裝置跟我們的生活息息相關，更是大家關心的焦點，而在物聯網時代，因為可以連結的出入口很多，造成很容易被攻擊，這也是不爭的事實，而這類的攻擊，反而因為物聯網時代相關的資訊安全最近才開始重視，難免風險比較大。不只是物聯網設備本身會被駭，連雲伺服器也會被駭，這樣的個人私密資訊外洩，其實是消費者所不樂見的。

最大的風險是因為這些物聯網的設備很多對資訊安全的設計並不完備，而且設備品牌與數量以幾何級數成長，良莠不齊。之前英國的每日郵報就報導，非營利組織 Open Effect 和多倫多大學的調查發現，穿戴式手錶／手環各大廠牌，包含 Basis、Fitbit、Garmin、Jawbone、Mio、Withings 和小米都會透過藍芽洩露個人隱私，因為它們都帶有一個固定的標示，透過這個標示，第三方組織就可能在任意時刻追蹤藍芽的位置，即時關閉配對手機上的藍芽，這些標示仍可能繼續洩漏，而事實上業界已經明確制定廠商保護隱私的標準，但當時調查結果顯示只有 Apple Watch 採用這個標準。

對穿戴式裝置而言，一旦被駭入，牽扯到個人資訊的被竊取，甚至會造成人身危險（又如駭客對智慧衣下令產生過大壓力造成受傷）。而對智慧家居而言，以攝影機為例，很多人也因為不希望自己家中的攝影機被入侵，而造成自己的私生活被看光光，這也造成智慧家居在推廣上，現在遇到的問題之一。另外，因為物聯網裝置相對好入侵，現在成為殭屍裝置，幫助駭客發動 DDOS（分散式阻斷服務攻擊，distributed denial-of-service attack），特別是居家網路攝影機最多。之前發生駭客駭入超過 120 萬台攝影機，發起 DDoS 攻擊，攻擊特定 DNS 伺服器，這讓被攻擊的伺服器無法運作，造成災情慘重，很多服務暫停好一段時間。

現在各個資通訊安全的廠商都奮力霍霍往這個廣大的商機切入，而因為他們的切入，這樣的風險勢必會降低許多。尤其是以區塊鏈為主的智能合約紀錄的方式，更是現在最受重視的網路安全的防護方式之一。畢竟，穿戴式裝置等智慧裝置將帶給我們的便利或讓這場資訊科技的趨勢不可逆轉。

5.2.1.2　健康資料正確度與有用度的風險

我之前曾經協助神達電腦公司通過醫療認證（TS16949 認證，醫療器材必須過的基礎認證），了解到醫療認證是非常嚴格的。而為了過醫療認證，其實產品會多很多的做臨床實驗的時間，所以很多消費型穿戴式裝置，本身是避開醫療認證的流程，而以消費型產品而非醫療產品販賣。

所以消費型穿戴式裝置所量測的心率、血壓、血氧，因為並沒有過嚴格的醫療認證，也沒有跟醫療機構合作，在市場上水準難免參差不齊，資料本身到底是不是真的正確，其實是很有問題的。

消費者要的其實是對消費者有用的資料，其實現在一般的消費者穿戴上穿戴式裝置，其偵測的數據會經過後端雲伺服器的運算與大數據的整合處理，如果廠商其實沒有處理好的能力，反饋給使用者的會是沒用的或錯誤的資料，而這也影響到消費者使用一般穿戴式裝置量測健康的意願。而且如果不正確的健康資料反而被消費者信以為真，反而會造成消費者的健康危害。

穿戴式裝置提供的健康數據要有用，前提要正確。以之前提供心率功能的穿戴式裝置，Mio Alpha 系列跟 Apple Watch 就以跟心跳帶量測一樣準確出名。 而 Fitbit Charge HR 跟 Surge 的機種，2016 年也因為量測不準而被購買者集體控告。不過 Fitbit 不認同消費者的說法，現在進入法律行動。以品牌公關角度，Fitbit 這樣其實是影響到自己商譽的。

5.2.2 企業風險

針對穿戴式裝置、智慧家居與智慧健康這三個現在台灣當紅的企業熱衷投入的重點，我個人看到的有陣營風險、產品風險與專利風險三種。

5.2.2.1　陣營風險

在穿戴式裝置現在最有名的陣營就是有 Android Wear 及 Apple Health Kit 針對穿戴的陣營，Android Wear 因為受到 Google 的重視，現在找了一堆廠商合作，像是台灣華碩的 Zen Watch 第一代與第二代，但是反而被消費者抱怨說功能很類似，再加上現在對應的 APP 並不多，並不能發揮之前智慧型手機的功能，但目前 Google 很努力的強化這塊。

而 Apple 的 Health Kit 就跟健康醫療的穿戴式裝置連結更深了，現在美國一些醫療院所和醫療儀器開發商都開始把器材申請跟 Health Kit 平台結合。這個是如果醫療器材要賣到美國要注意的事情，不只是過 FDA，能結合 Health Kit 可能也是到時可能必須考慮的事情。尤其 Health Kit 跟醫療院所的合作與健康大數據的結合。

在智慧家居更是這樣，智慧家居有幾大陣營：Amazon 在北美與英國家庭佔有率高、Apple Homekit 以特有的品味佔有很多有錢人的心，而在中國之外非英美語國家的中低階市場，Google 因為人工智慧的 Google Assistant 語音辨識很早就進市場的優勢，加上它的各類服務，未來很有機會稱霸。不過這仍然是戰國時代，很多機會，但也很多風險：在不同的市場要加入不同的陣營，這個投資是很大的。

在中國大陸市場，更是群雄並起，大家都看好智慧家居，所以家電公司、互聯網公司、手機公司都覬覦這塊大餅，中國大陸目前智慧家居的最大陣營已經是小米對上華為＋海爾聯盟，但是 BAT（百度、阿里巴巴與騰訊）也各有盤算，尤其他們的人工智慧能力都很好。

從外面來看，智慧家居的機會多，但市場也分散，加上除了豪宅、裝修與保全市場，一般消費者現在接受度還不高，從現在的趨勢看來，消費者還需要一段時間才能完全接受，所以現在的投入，投資回收期會很長，口袋要夠深才行；不過廠商現在不投入，等過一陣子才投入，就可能太晚了。

5.2.2.2　產品風險

廠商要投入穿戴式裝置、智慧家居與智慧健康產品，不能再以以前的想法：別人產品有的我的產品也有，但是我的價格比較便宜，所以消費者會買單。台灣現在的電子產品跟中國大陸的電子產品比，並沒有價格與成本優勢，這是業界都知道的事。

這些產品必須提供消費者需要的特色，要滿足消費者的需求必須要有好的服務，這個好的服務必須以雲端運算、人工智慧與大數據分析的方式協助提供。不管是智慧家居、穿戴式裝置、智慧健康，都必須是以系統角度服務客戶。

因為大數據的分析可以看出數據的趨勢，對應的是消費者的具體行為，所以很可能從其中找出特別的商機。如果你比對手先找出商機所在，你就贏了對手。而如果只賣單一產品，沒有大數據與人工智慧強化後端服務的系統，很可能只能做一代拳王，對手很容易趕上，而擁有客戶數據，瞭解客戶習慣，還可以提供對應服務可以讓客戶的黏著度提高。

從蘋果買下大數據公司 Mapsense，Fitbit 宣告要投入大數據，且雷軍的另一個公司金山軟體轉向大數據研究，可以看出個大廠商接下來都把大數據的分析當成戰略重點。馬雲 2017 年更進一步宣告 AI+ 的時代來臨，而透過人工智慧深度學習後的系統更能因為物聯網感測器收集的大量數據，而能做很好的模型建置、異常偵測，甚至達到預測行為、提早預防，在零售業還可以協助精準行銷。

台灣過去迷信人量的硬體販售的 ODM 賺錢模式，但是現在要提供的會是一個對消費者有價值的系統，而不只是單一的硬體，如果不改想法，就很容易犯產品風險。

另外會犯的一個風險是跟產品沒有特色，因為中國大陸的產品更有價格優勢，沒有特色的產品很容易滯銷，造成龐大庫存，而因此造成損失。

5.2.2.3　專利風險

專利在現在的科技產品是很重要的對戰武器：最有名的案例就是 2010 年 3 月蘋果（Apple）告宏達電（HTC）侵犯多條專利，要求讓宏達電的產品在美國不得上市，在那個時候蘋果有 3000 個專利，而宏達電只有 58 個，兩者開始很長時間的彼此訴訟，期間谷歌（Google）也力挺宏達電，雙方都加強專利實力：蘋果與微軟（Microsoft）聯盟已 45 億美金標下 6000 項北方電信的網路通訊專利；而谷歌也以 125 億美金收購摩托羅拉（Motorola）手機部門，強化專利實力，以提供專利子彈給宏達電打這個戰爭，而雙方也在

2012 年 11 月達成和解，不過宏達電在智慧型手機的佔有率已經節節下降，再也回不來了。

　　我以前在神達電腦工作的時候，就遇到過 Mio 的可播放 MP3 的 GPS 產品在歐洲被卡在海關，因為 MP3 的專利蟑螂[18]的控訴，Mio 的產品無法出海關販售，那時立刻跟對方談判，最後達成和解，條件是「付給每台出貨機器使用權利金，而且會定時來稽核」，才讓這批 Mio 的產品出關販售，因為電子產品的販售週期短，卡在海關會造成公司不小的損失。也因此日後每次新產品的規格出來，都要先送給公司的專利工程師檢視過一遍，看可能觸犯哪些專利，而這些專利看要付使用權利金，或是避開專利。

　　台灣大部份的廠商都沒有很強的專利意識，專利權不多，所以一旦打起侵權專利戰往往會落敗造成很大損失，之前宏碁就差點賠掉整個公司。物聯網的產品雖然很新，但是已經有很多對應的專利了，在設計時很容易侵犯到這些專利。光是在 2016 年美國專利局以「wearable（可穿戴）」查出來的就有 21448 個專利，而透過 Google 專利查詢查到的相關專利約有 154000 個[19]。而智慧家居的專利以「Smart Home（智慧家庭）」查出來的有 715 個美國專利，透過 Google 專利查詢查到的相關專利有 9110000 個。不過專利跟地區有關，所以同一個專利必須在不同的地區註冊，才能在該地區產生效力。

---

18 專利蟑螂又稱專利流氓（英語：Patent Troll），用於形容一些積極發動專利侵權訴訟以獲取賠償，卻從沒生產其專利產品的個人或公司

19 透過 https://www.google.com/patents 查詢可以查到美國、歐盟、加拿大、中國及世界的專利。而查到的美國的專利還有 2 種編號，一種是登記號 7 碼，一種是含核准年度的 11 碼。

2015 年就有 Sarvint 以其由喬治亞理工（Georgia Tech）穿戴式裝置的專利 US6381482[20]（Fabric or garment with integrated flexible information infrastructure）及 US6970731（Fabric-based sensor for monitoring vital signs ），將北美八大品牌（Adidas、Victoria's secret、Sensoria、Textronics、Ralph Lauren Polo、Hexoskin、Athos、Omsignal）告上法庭。雖然台灣的紡織所有一些專利，但碰到這兩個專利看來也必須要繳交權利金。

鴻海精密很早就佈局在專利權上了，在物聯網相關的專利權，我就看到很多是鴻海的專利，透過這些有利的專利，才有機會跟其他廠商談判，達到交互授權，不然就只能一直挨打。很多台灣廠商的研發人員心態比較以避開別人的專利出發，而沒有想到可以透過 TRIZ 這套工具改善別人的專利，不僅避開，而且可以把改好的專利變成自己的武器，這是很可惜的事。

5.3　台灣特有利基

穿戴式裝置、智慧家居、智慧健康是 2016 年 CES、2015 年 Computex 展的熱門話題，2016 年的 CES 展覽上，穿戴式裝置更是百花齊放，可見大家都看好這個商機，雖然 2017 年的風采大家都專注在 Amazon Echo 及合作夥伴上。

---

20 US6381482 專利開頭字母的 US 表示為美國專利局的專利，後面 6381482 為專利號碼，可透過 https://www.google.com/patents/ US6381482 查詢專利內容。

給一般人使用的穿戴式裝置因為相對進入門檻低，很多廠商都想進入，可是這也造成很多的穿戴式裝置都差不多，沒有可以吸引人的特色，同時小米手環以超低價、特色簡單為原則，打敗了這些廠商，使小米手環縱橫一般平價消費型市場。

現在台灣很多人在問，在後 PC 時代，什麼樣的產品可以有機會？其實這完全是市場決定的，消費者在現在這個供過於求的年代，他們的選擇太多，所以要消費者掏出錢包來付錢選擇你的產品，一定是你的產品有過人之處，讓消費者認同。而讓消費者認同的原因就是因為你能提供跟別人不同且對消費者有益的價值。

以穿戴式裝置在西元 2014 ～ 2016 年的出貨量第一的廠商 Fitbit 而言，他創造的價值是減肥／健身，並且利用減肥／健身社群關係強化社員之間的聯繫，這也是現代共享經濟的特性，利用社群社員之間的聯繫與信任，互相勉勵，強化社員健身的決心，進而讓產品大賣。蘋果手錶的銷售良好代表品味、時尚在穿戴式裝置消費市場高階已經邁向要能代表身份地位與品味，這原來就是蘋果原有的客群，而且這個部分已經打擊到傳統瑞士手錶的高階市場了。小米則是原來在中國就有很穩固的手機社群，平價超值一直是他的主張，他的智慧家庭產品也以平價超值而打入很多家庭中。

工研院 2015 年的報告「物聯網應用發展趨勢與商機：智慧健康篇」中就顯示了物聯網近 80% 的利潤會來自應用、服務與巨量資料、使用者分析。這跟過去台灣的代工思維的強調硬體完全不同，其實當我們台灣電子廠商代工的利潤已經低於毛利 3% ~4% 就已經顯

示這個趨勢了，而物聯網產品的個性化價值需求，就已經宣告未來將是一個消費產品多樣少量的世界，每個人要的是符合他價值的產品。

怎樣可以做到符合客戶價值？其實蘋果的 iPhone 就以創造了很棒的使用者體驗，造成消費者強力的黏著度，品味為王，讓有錢人以擁有 iPhone 為榮耀，蘋果手機的 APP Store 讓消費者可以選擇自己喜歡的 APP 在自己的手機上運作，這就是應用。而消費者要的就是符合他們需求的應用，而在物聯網時代，搭配大數據與人工智慧更可以進一步的透過分析了解消費者行為，找出更進一步的商機。

那台灣的廠商要怎麼進攻呢？到底怎麼才有適合台灣的商機呢？如果沒有價值，只能比低價，這已經不是台灣廠商能夠贏的戰場了。所以最好的方法是在產品系統中創造客戶的價值，讓自己的東西與眾不同，不要只是價值低的硬體產品，而是整套解決方案。而且就算自己做出第一代很具特色，如果只有單一產品，沒有特殊技術做競爭障礙，很快別人就可以抄襲，也只能做一代拳王了。

接下來跟大家分享我看到的現在台灣特有的利基商機：

5.3.1 智慧手錶／手環＋智慧醫療＋健保大數據

之前有一個調查，使用智慧手錶／手環／醫療器材，收集起來的健康大數據，消費者希望把這個資料交給醫生，而不是給廠商盈利。台灣因為醫療環境好，穿戴式裝置跟醫療的結合是很多穿戴廠商的利

基：很多大醫院都已經開始跟廠商合作，開發對應的產品，這也讓台灣在健康方面的感測器發展相當快速，並且擁有相當的技術。

健康穿戴式裝置因為整天穿戴在身上，可以收集用戶的個人健康數據，而這樣的資料收集起來就會是個人的大數據了。透過這些資料就可以建立屬於個人的健康狀況的趨勢模型。

只有個人健康模型其實是不夠的，重點是要群體模型，台灣因為有辦了很多年的健保，健保的紀錄其實就可能成為很棒的群體模型。之前我聽過一個朋友說，之前就有台灣研究健保內容的教授，從健保資料中找出某種癌症的人，會有某種特殊習慣的結論，他把這個訊息透露給日本的醫界朋友時，日本這位醫界朋友驗證過發覺果然不假，大讚台灣的健保是無價之寶。畢竟這是 2300 萬人收集健保開辦 21 年的資料，非常有代表性。

群體模型一旦確認，就可以把整個系統運用華人及東亞人種上，這時根據個人的健康狀況在群體模型上的落點可以知道這個人現在的身體可能已經有的疾病（異常），與將可能有什麼疾病，提醒人提早就醫（診斷或預防），這樣不用到很嚴重時才去就醫。這在台灣現在在推的遠端照護與長照 2.0 的社區照護息息相關，很多醫院也因此成立專責單位負責。

把整個穿戴式裝置健康偵測＋智慧醫療＋健保大數據的群模的整個系統模式輸出，這個是台灣目前無有的優勢。台灣現在不只醫院在推，運營商與寬頻商也在推這樣的模式，台灣衛生福利部不但主動倡導，還提出行動是自我健康管理系統（圖 5.1）。

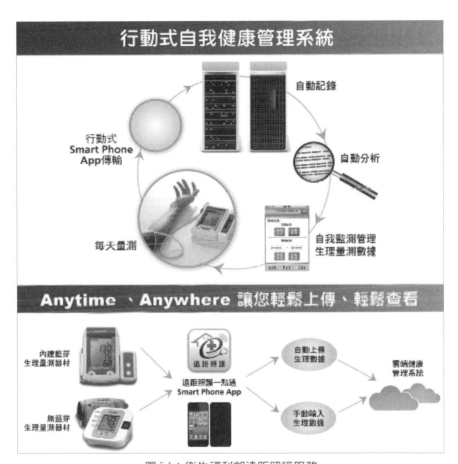

圖 5.1：衛生福利部遠距照護服務

來源：衛生福利部遠距照護服務官網

5.3.2 智慧紡織品

台灣的財團法人紡織產業綜合研究所（以下簡稱紡織所）在 2014
年～ 2017 年的 Computex 展覽都有展出智慧衣，2014 年展出的亮

點是跟運動與醫療有關的智慧衣，2015 年展出的亮點是消防員專用衣，2016 年展出的亮點遙控智慧型手套，而 2017 年由參與紡織綜合研究所主導的智慧紡織聯盟各家廠商展出自家將量產的產品。在在都顯示出台灣智慧衣在紡織材料的技術已經達成世界水準。

因為衣服本身是在身上黏著的，對人是有私密和情感的象徵，而且大部分的人都不希望自己的衣服又笨又重，所以使用超級電容替代電池達成快快充電、慢慢放電，而且如果能把運動時的動能轉成電能是最重要的研究。就如在附錄技術那章所講的，在紡織所的研究下，台灣將擁有超級電容的技術。而智慧紡織所的成長趨勢也很驚人，是值得投入的領域。

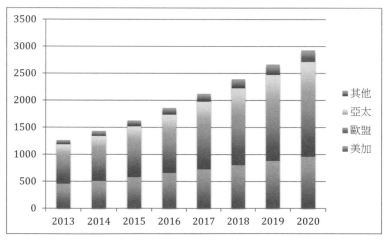

圖 5.2：智慧紡織物的成長趨勢

資料來源：Global Industry Analyst Inc.(2014)

大家都以為台灣的設計比不上歐美的，可是紡織所的設計曾經拿到一座 iF 設計大獎、紅點設計大獎 2 座、TTRI 國際設計大獎 1 座，這顯示台灣的設計實力其實很強。

因為台灣有這樣的技術優勢，就長遠來看，智慧型紡織品的成長率將會很高。加上紡織材料上的技術領先，只要從紡織所技術轉移，其實台灣廠商是很有機會的，由現在大廠牌像 Nike、Adidas、Under Armour 都想找台灣廠商代工智慧紡織品就知道，不過台灣未來是否仍然堅持繼續走代工之路，我個人是持保留態度。

智慧紡織物的應用在健康醫療方面也是非常重要，尤其是在貼身衣物的應用上，因為貼身衣物可以直接量測生理狀況，其實準確度可以提高很多，不過這樣的衣物目前在醫院中使用較多，未來搭配遠距照護及長照 2.0 的社區照護的大量需求，應該可以把成本大為下降，變成日常生活用品。

5.3.3 結合文化創意

不論是個人隨身的穿戴式裝置，或是智慧家居的器物，很多都可以跟文化創意結合，利用文化創意來加值。

有人認為文化創意就是加入西方元素的設計就好，其實在華人勢力越來越強的今天，文化創意反倒是需要很多中華文化的精神帶入，而不論是穿戴式裝置，或是智慧家居的裝置，都可以透過文化強化造型加值，而帶入文化意涵。這就像電影「臥虎藏龍」一樣，明明是華人的功夫電影，卻能受到全世界的注目。

我們從小讀中國文化基本教材，學習華人文化，卻又受美國與日本文化的強力影響，已經造就台灣與眾不同的融合文化，而結合這三種文化的新式設計，反而是讓歐美易於接受又能表彰中華精神的，而且又可以跟其他國家的設計做區隔，這是台灣成長獨一無二的優勢。就像法蘭瓷的瓷器，琉園的琉璃，或是周杰倫與方文山合作的中國風歌詞與曲風都是這樣的表徵。

在現在所有的穿戴式裝置與智慧家居都是西方文化主導的情形下，以中華文化為主導入文化創意的新式設計反而是與眾不同的利基。

5.4 未來展望

物聯網的產品價格越來越平民化，也讓消費者接受度越來越高，這從穿戴式裝置的產品，越來越能被消費者所接受：在美國 2015 年聖誕節的前 15 大禮物有兩項是穿戴式裝置可以知道。而穿戴式裝置在 2016 年的 CES 展覽上，呈現兩極化，不是給一般大眾消費者的產品就是利基型產品，而利基型產品其中很大一塊是結合健康照護。

在 2016 年的聖誕節、2017 年的 CES 都顯示使用人工智慧語音辨識的智慧喇叭 Echo 系列產品超受歡迎，這讓 Amazon 的 Alexa Skills kit 有上萬條，以及其使用 Alexa 語音引擎的合作夥伴越來越多，智慧家居碎片化的問題看來有降低的趨勢。

對穿戴式裝置、智慧家居與智慧健康，我認為接下來的各種未來的可能發展方向如下列各節所述：

5.4.1 有特色又能解決客戶問題的利基產品的勝出

因為各家產品實在太多了，新產品唯有特色且能解決客戶問題的利基產品才能獲得客戶的青睞。例如 Neuroon 這款睡眠眼罩（圖5.3），外型除了厚一點，跟一般眼罩無異，透過彩色 LED 發出人造光，它可以幫助用戶改善睡眠品質，甚至可以調時差或生物時鐘。另外它還能偵測到用戶的腦波、體溫跟眼球動作。用戶可以根據同的需求與環境，設定不同的服務模式：如睡前設定喚醒服務。連接智慧型手機上的 APP 可以進行用戶睡眠分析及產生用戶體驗報告，而根據這個結果產生對應光照治療方案。因為這款眼罩有很不錯的效用，又與一般眼罩看起來無異，作者認為這樣的產品很符合消費者的需求。

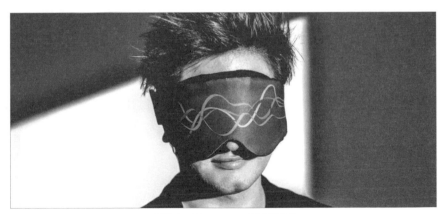

圖 5.3：**Neuroon** 睡眠眼罩

取自網路 http://moneyinc.com/neuroon-new-wearable-device-helps-beat-jet-lag/

另外像前面智慧健康產業介紹的龍骨王這套系統，透過遊戲化的方式增加使用者的復健使用意願，讓使用者不得不喜愛它，是很棒的利基產品。

5.4.2 服務設計的導入

服務設計是用設計思考的方式，導入在服務流程上，讓服務流程能夠創造消費者的良好體驗。

設計思考在美國和歐洲幾乎同時發起，在西元 2000 年左右，美國的 IDEO 開發了自己的服務設計人本中心設計（Human Centered Design，縮寫 HCD）流程，英國的 Engine 公司開發了自己的雙鑽石架構。在台灣，資策會和生產力中心也開發及導入了歐洲 CIID 的流程，但不管哪種流程，都是以人為中心，找出消費者的需求，並透過流程設計來滿足此需求。

穿戴式裝置和智慧家居的產品設計要符合消費者的需求，消費者才會買單。而要考慮消費者的需求，就要以服務設計的思維，將產品系統以消費者的需求為出發點，整合雲運算與大數據，讓整個穿戴式裝置、智慧家居、智慧健康的產品，能讓消費者以直覺操作，同時運作流程符合消費者的需求，甚至可以透過大數據的預測功能，帶給消費者驚喜跟感動，同時強化消費者的黏著性。

在物聯網時代，賣給客戶不再是單一產品，客戶要的是整體系統帶給他的良好體驗及整體服務，這就是服務設計可以著力的地方。而台

灣的廠商過去太習慣於硬體思維，以為賣給客戶單一產品就好，這在物聯網時代是必須修正的。

5.4.3 智慧家居產品越來越平民化

智慧家居設備很有商機，也很複雜，因為有亞馬遜（Amazon）、谷歌（Google）、蘋果（Apple）及三星（Samsung）各大後裝陣營及其擅長的區域，所以不大可能像以前針對一套系統只加上小小的客製化走遍全球；我個人認為像是 Amazon Echo 已進入很多北美的家庭，要賣到北美，加入 Amazon Echo 陣營是好的選擇。蘋果的品味一直為有錢人所喜愛，加上有錢人愛用 iPhone，所以 Apple Home Kit 將為很多有錢人所用，將佔據有錢人的家庭。而 Google 因為擅長非英語系的人工智慧語音辨識，參加這個陣營可以打入世界很多地方。

智慧家居的市場很分散而零碎，但是因為市場很大，各大陣營想分一杯羹是很正常的事，而早點進入市場，才有合作的機會。現在這些設備價格偏高，而且各家規格不統一，但是因為 IT 廠商的大舉進入，相信會隨著時間過去，慢慢的變成人人家中都可享用的服務。不過因為他的安裝不容易，所以透過電信運營商及寬頻提供者（如台灣的遠傳電信、中華電信、凱擘寬頻、亞太電信…等等）協助安裝，是不錯的切入方式，這也讓這些廠商現在對於智慧家庭後裝系統十分積極。

5.4.4 智慧家居與能源管理結合

地球暖化越來越嚴重，整個令人有「明天過後」電影的感覺，難道我們不能為地球暖化多盡一份力嗎？在「物聯網革命：共享經濟與零邊際成本社會的崛起」一書中就提到，智慧家居的產品，結合智慧能源管理，是一個可能的解法。

試想一個情境，我們家裡的電器都換成了智慧家電或傳統家電透過智慧插頭來達成智慧能源管理，這樣每個電器的耗能，都可以傳到智慧電錶中，智慧電錶再將電力送到電力公司的管理站，這樣電力公司就可以根據我們所使用的電力狀況來提供相關的電力。如果家裡的屋頂還有太陽能或家裡有其他的自發電設施，那智慧電表送給電力公司的管理站的需求電量就可以減去家裡已經發了的電量，更甚者，家裡發的電超過需求，可以完全不跟電力公司要電，還可以把多餘的電存下來，等需要時先提供給自己，甚至賣給電力公司。

我們現在台電的供電其實並不知道我們每家每個公司花了多少電力，所以為了避免停電困擾，台電送給每家每個公司的電其實是大於我們的需求的，這造成了不少浪費，另外，如果我們可以確認每個電器的使用電量，就可以做好電量管理，加上智慧家居的產品都有感測器，這樣就可以根據感測器的資料，規劃在不需要用電或只需少量用電時，做對應的規劃，這樣就可以省下很多電量，減少二氧化碳的排放。

根據工研院的研究，未來智慧電網對智慧家電有三大需求，1. 掌握即時監控資料：智慧電網透過智慧電錶即時收集的智慧家電／智慧工廠的電力監測資料。2. 智慧預測電力供需：因為有前面所提的電力供給資料，可以透過大數據的方式預測電力供需。3. 達成遠端最適化控制：這指的就是透過提供各家各公司最適當的電力及對智慧用電器材作好最佳電力規劃管理，減少電力浪費。

為達到這樣的目標，一定要要先有示範單位，其實各國都有在推動這整套系統，台灣就在經濟部能源局支持下，由家電業者、通訊業者與工研院共同推動成立了台灣智慧能源產業協會，並在工研院的技術指導下，制定了台灣自有的智慧家庭物聯網通標準「TaiSEIA 101」。之前在澎湖開始實驗，提供實驗家戶冷氣及智慧插座，做法是根據80／20 法則，連結最耗電的電器，來做耗能監控與管理，在西元2015 年底報告中展示了不錯的成果。

這樣的目標也不是單單只有家電及通信的廠商可以做到，以日本為例，日本推動 1.4 萬戶家用能源管理系統示範，連谷歌（Google）、國際商業機器（IBM）、蘋果（Apple）…等等 IT 廠，Control4、icontrol…等等智慧家居整合商、Alarm.com、ADT Security…等等保全公司，SMA、SolarCity 等等能源公司，還有三井不動產、豐田房屋…等等建築公司都積極投入智慧能源的產業。 當時谷歌以 Nest ／Thread 智慧家電陣營切入，而蘋果以 Apple Homekit 陣營切入，這可以看到這幾家大廠以生態系參與的佈局方式。另外，IBM 提供大數據協助。這樣的大數據服務不只是只有前面所提到家用智慧電錶的大

數據，還可以結合天氣 [21] 使用行為（用電方式這塊由智慧電錶及智慧
家居提供）、社群資料比較 [22]，就可以創造新的服務行為。

台灣的新光保全的新保智慧家與中興保全的中保無限＋也開始往能
源管理方向做整合，可以看出這個是大家都想吃的大餅。

5.4.5 智慧健康導入專業血壓與無穿刺式血糖的量測

使用穿戴式裝置測血壓，一般是利用心電圖用演算法計算出來，這
樣的方法的運算不夠準確。在 2016 年的 CES 展覽，Omron 展示了
他們的智慧型手錶兼手腕型血壓偵測計 Project Zero BP6000（圖
5.4），可以直接量血壓的智慧型手錶，而且也兼具部署、心率及睡眠
監控功能，這個智慧型手錶是屬於醫療等級，申請醫療驗證最嚴格的
美國 FDA[23]。

對糖尿病患者而言，常常要用穿刺方式量血糖，很不方便而且會擔
心不小心感染，蓋德科技之前在 2016 年推出可以非穿刺量血糖的智
慧手錶搭配戴在手指上的量測器（北京製造），另外也推出可以量血
壓與心率的智慧手錶（類似上面 Omron BP6000），由蓋德、聯發科
跟台大醫院共同開發。

---

21 西元 2015 年 10 月底 IBM 買了以 20 億美元收購天氣公司（Weather Co.）旗下數位及
   資料資產。
22 社群資料比較是透過在社群網站上（在台灣如 Facebook、Mobile01 等等）找出相關文
   章做分析比較。
23 這裏指的是美國的食品藥物管理署的認證。

蘋果手錶第三代也傳出打算支援無穿刺血糖量測，就是因為這個需求很大。而這樣的產品以後在國內就能買到，是國內高血壓、高血糖患者的福音。

圖 5.4：Omron BP6000

取自網路 http://www.cnx-software.com/2016/01/06/omron-project-zero-bp6000-is-both-a-blood-pressure-monitor-and-a-fitness-smartwatch/

5.4.6　智慧健康做到更好的飲食管理

以前的飲食管理都是透過飲食資料庫的數據資料分析，準確度往往不夠。透過物聯網的感測技術，可以大幅增加準確度，如 CES 2016 展覽展示的 LEVL。體內脂肪分解會產生丙酮，這些丙酮會隨著呼吸排出，所以呼吸中測到的丙酮越多，表示脂肪燃燒分解越多。這儀器透過奈米感測器偵測呼器中的丙酮量，得知脂肪消耗程度，搭配對應之視覺化減重管理 APP，以對應更好的飲食管理計畫。另外 CES 2016 展覽也展示了 Airspek 公司的 DietSensor（獲得 CES 2016 的最佳創新獎），它利用近紅外線光譜技術，藉由反射光分析光譜計算得出食物的碳水化合物、脂肪、蛋白質…等等含量，對應內建的食物資料庫，可以準確記錄，並提供個人專用的飲食建議（圖 5.5）。

圖 5.5：DieSensor

取自網路 http://www.digitaltrends.com/health-
fitness/dietsensor-sensor-for-food/

5.4.7 人工智慧與機器人在健康醫療與照護上的應用

　　IBM Watson 超級電腦在電視節目打敗了益智問答節目冠軍之後，就轉往醫療界發展，因為其處理速度超快，有超大的記憶體及機器學習的能力，他現在查醫療論文及疾病例史再整理的能力其實遠遠超過一般醫療人員，他又可以問診，也因此針對醫療症狀在對應判斷它可以從過去醫療史中找出每個症狀對應的所有可能的病症，這樣可以避免誤判。

　　IBM Watson 現在分別針對健康醫療的各個層面與各大廠商與研究所合作：在健康方面，他跟 Under Armour 合作，針對收集回來的 UA Record 的健康數據做較深入價值分析：如行為和表現管理、食物攝取量與營養管理及天氣與環境如何影響訓練等等。

　　在醫療方面，日本 IBM 和東京大學醫科學研究所現在合作利用 Watson 分析收集到的患者資訊以找出治療癌症的方法。在台灣，IBM 與台北醫學大學合作醫療診斷。

　　在照顧方面，IBM 與 Medtronic 合作，透過測得的胰島素與血糖數值波動值，分析糖尿病患者目前的身體健康狀況，並預測其可能方向。

　　從這些可以看出，透過人工智慧的協助，人類的疾病預防能力越來越強，醫療治癒能力越來越先進，連復健照顧都能夠更方便容易。

　　在機器人使用上，醫療用機器人將越來越多樣，除了之前提過的達文西及內視鏡扶持手臂外，台灣上銀跟很多家醫院合作開發醫療用機器人，例如跟秀傳醫院合作開發了微創手術機器人，跟慈濟開發了洗澡用機器人…等等。這都在在表示機器人在醫療上的應用將越來越多。而照顧用機器人各家大廠都在研發中，為了因應少子化後未來的人力不足需求，未來一定會蓬勃發展。

　　在日本，機器人 Pepper 已經進入家庭，在家庭照護與老人照護上扮演很重要的陪伴角色：陪伴聊天、提醒吃藥、跟家人聯繫是它的主要功能。據說日本的老人，現在出門菜籃車上會放著 Pepper 機器人，因為怕它一個「人」在家孤單。在台灣，機器人 Zenbo 也擔負

著老人與孩童陪伴的責任，可以協助辨識慢性病藥單，跟巧連智合作，播放內容讓孩童開心，是它的強項。當然，Zenbo 也具備智慧家庭中樞（Gateway）的功能。

5.4.8 智慧健康上的疾病預警

之前說過，透過穿戴式裝置，可以收集到個人的數據，就可以將它存在大數據資料庫中，然後建立個人健康的趨勢模型，再將其跟群體常模比對，就可以了解可能有什麼疾病可能發生，就可以提醒客戶提早就醫檢查，以免病狀擴大。

在美國，CancerDetectingClothing.com 正在發展一個技術，將能夠檢測人體是否有癌症存在。該公司目前擁有專利技術，將能夠看到癌症的早期階段，然後讓病人知道這一點。只要簡單地把一個襯衫或胸罩，和傳感器結合就能檢測是否有癌症，該產品已在幾個不同的癌症上測試過。

而 Cyrcadia Health 公司推出的 iTBra 貼片是一種已經問世的針對女性乳癌檢查的偵測產品，它是一種可穿戴式、質地柔軟的智慧型乳貼，可以放在胸罩內，它就會收集女性胸部細胞的活動，然後感測的資料就會傳回資料中心做分析，以找出可能產生異常的地方，並預測患上乳癌的可能性。相對於乳房攝影需要女性脫掉胸罩，這種方式可保障女性隱私（圖 5.6）。

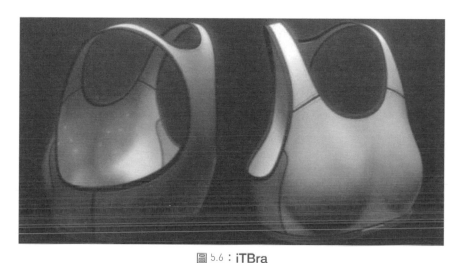

圖 5.6：iTBra

取自網路 http://ehealthnews.co.za/itbra/

5.4.9　智慧藥丸的全面使用

之前在智慧健康那章有提到智慧藥丸可以吞入肚子偵測身體的狀況，這樣的藥丸現在只能針對少數病症。但是因為方便又可作身體內部的健康狀況檢驗，從五年前就由諾華（Novartis）跟 Proteus 合作開始研發這種藥丸，現在的關鍵是如何讓人把這藥丸吃進肚裡又不傷身。

這樣的應用也可以用在取代胃鏡和大腸鏡檢查的微型攝影藥丸（如圖 5.7）。甚至有廠商研究類似的微型機器人，來做可能的治療行為。

谷歌（Google）更宣布要用奈米粒子打造智慧藥丸，深入血管偵測人體內的癌細胞，不過這樣的難度很高，不知道什麼時候能真的實踐。

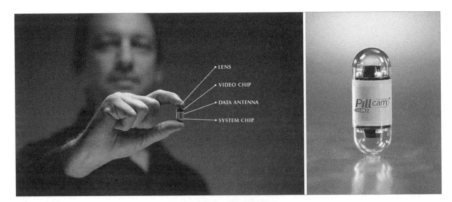

圖 5.7：智慧藥丸

取自網路 https://www.marsdd.com/news-and-insights/
ingestibles-smart-pills-revolutionize-healthcare/

5.4.10　遠端醫療與遠端診斷

如果看過康寧的微電影「玻璃的一天 2」，其中就有遠端醫療的相關影片，兩個醫生，透過玻璃屏幕及攝影機、麥克風，可以即時通訊，而全身掃描病人的結果，會立即用 3D 顯像展現，讓在遠方的醫生可以協助診斷。

其實這並不是如想像中遠，目前 Google 已經跟醫生合作，在建立人體狀況 3D 圖後，利用 Google Glass 做跟遠端的另一個外科醫生即時通訊，討論開刀方式，再進行開刀。

隨著醫生越來越少，而人口卻越來越多的趨勢，遠端醫療與診斷因此成為這個趨勢的必然解法，透過遠端醫療照顧，利用穿戴式裝置的資料收集以及大數據分析先做第一層的過濾，需要醫生做進一步診斷

的再做遠端診斷，而且需要的話可以透過兩位以上醫生共同診斷，這在物聯網時代都是可以做到的，中國大陸已經開始這樣的作為了。

這樣的診斷如果搭配了中醫的部分，更是台灣跟中國大陸獨有的部分，透過類似中醫把脈的技術如果開發出來，以後中醫看病診斷，就可以直接用具備這種技術的穿戴式裝置或智慧醫療裝置了，這就更是新的科學中醫。據作者所知，現在已經廠商開發出把脈機了。

5.4.11 利用智慧手錶／手環做到身份認證與支付

穿戴式裝置因為比起智慧型手機，更是可以緊密不離身，相對的比較容易隨主人而動，比起智慧型手機，可能更適合代表身份認證。

在中國內地與國外已經開始興盛的一種做法，讓手錶／手環型的穿戴式裝置，直接代表個人，也因此可以用個人的對應帳戶來做支付，小米手環在中國就具備這種功能。在國外的裝置像 Apple Watch 都加裝 NFC 就是為了支付功能，如 Apple Watch 已經可以結合 Apple Pay[24] 在國外使用了（圖 5.8）。在台灣現在有悠遊卡手環，可以直接儲值與支付，但還不能做身份認證用，未來這樣的產品應該會越來越多。另外 Garmin 的 Vivowatch smart HR 在台灣搭配一卡通可以直接支付。

---

[24] Apple Pay 是蘋果的移動支付與電子現金服務，在蘋果的 Apple Watch、iPhone6、iPad Air2、iPad mini3 及更新機型才可使用。

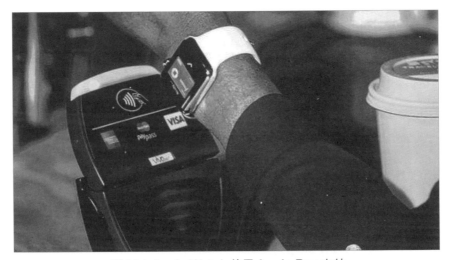

圖 5.8：**Apple Watch** 使用 **Apple Pay** 支付

取自網路 http://diginomica.com/2015/04/22/apple-pay-makes-
paypal-pay-the-price-in-mobile-payments/

5.4.12 智慧型眼鏡彈性供需關係

科技產品提供資訊的人機介面一直在進化，從過去的平板電子產品到現在的穿戴式裝置，還有研發未來的智慧型隱形眼鏡…等，不管形式如何進化改變，目的都是為了讓「科技無感化」，很自然地融入人的身體、行為、生活中。

目前的時代背景，正處於穿戴式裝置的蓬勃發展中，市面上這一類產品的形式正在不斷推陳出新，智慧型眼鏡是其中一個項目，在這產品探索期的過程中，未來的電子硬體如果更小、軟體系統穩定、應用程式豐富、電源體積更小…等，此類產品會進入成熟期，或許智慧型

眼鏡形式可能會如同受訪者的期望，電子業者制訂好主機結構尺寸，眼鏡製造商套用結構尺寸叼以自行開發，消費者也可以自行選配鏡框加以組合，主機製造、鏡框供應、消費使用三者成為一個成熟的供需關係（圖 5.9）。

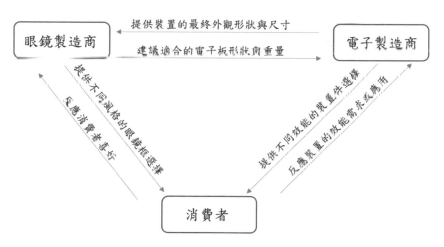

圖 5.9：預測未來的智慧型眼鏡形式與商業模式關係。

取自：智慧型眼鏡形式之探討與設計／陳冠伶，2015。

5.4.13　智慧型頭盔未來應用

VR 應用最多、最成熟的領域是電子遊戲和影音享受，近年 Oculus、Samsung、Sony、HTC 等廠商，積極開發軟體程式和硬體規格，為搶攻 VR 虛擬實境市場。從這些廠商的競爭情況，可略知 VR 產品的思考訴求，分別是：專業、娛樂與隨身使用。

專業部份泛指一些教育訓練或是遠端任務，像是模擬醫療手術、NASA 執行火星探索任務，背後有較大的專業體系或資源做為支撐。

娛樂類像是電玩市場、影音類，重視體驗與互動性，通常需要搭配桌機或視其他偵測設備，像是 Oculus VR、HTC Vive…等。

隨身攜帶是為了可即興使用，訴求是體積較小、無需太多配件需就可以使用，像是 Samsung Gear VR、Google Cardboard 以手機軟體系統立基，只需要再置入一個頭戴裝置即可使用。

5.4.14　智慧型眼鏡與頭盔的週邊效應

在這兩種裝置後的推手是軟體應用，因此從 AR、MR、VR 的角度，可以看到硬體裝置的產品變化、其他週邊商業生態圈演進。

微投影技術

Google 將三菱鏡投影原理置入 Google Glass 後，不少廠商也試著模擬類似的光學原理，有些是在單眼、或是雙眼側邊加置微投影機，像是 Facebook、Epson（圖 5.10）…等企業廠商，都在研發這類輕量型的投影裝置。

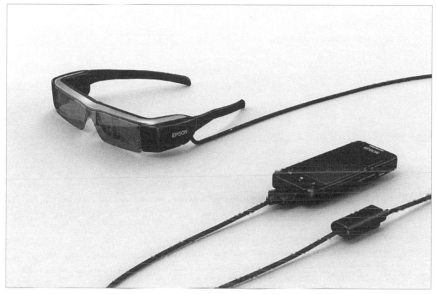

圖 5.10：**Epson BT-200** 智慧型眼鏡。

取自網路 https://www.epson.com.tw/%E5%AE%B6%E7%94%A8%E
7%B3%BB%E5%88%97/%E6%99%BA%E6%85%A7%E7%A9%BF
%E6%88%B4%E8%A3%9D%E7%BD%AE/%E6%99%BA%E6%85
%A7%E7%9C%BC%E9%8F%A1/BT-200/p/V11H560054

手機雙鏡頭規格

　　Google 公司為了讓自己的 AR 生態系統壯大，2014 年便以 Tango
AR 做為手機 AR 渠道，目的是通過高階手機來建構地圖、導航、遊
戲…等；2017 年 Apple 公司入主 AR 市場，推出加強軟體運算、降
低硬體門檻即可實現 AR 的 ARkit 後，Google 公司便改以 ARCore 取
代需要較專門硬體的 Tango AR，與 ARKit 相較競爭；因此未來趨勢
會看到，只要是主打高階機種的手機品牌，幾乎都會在背面配上雙鏡

頭（圖 5.11），為了就是要加強偵測環境光影以及追蹤物件，力求 AR 表現完美效果；甚至是透過雙視鏡，營造更好的 360°VR 攝影效果。

圖 5.11 左：AUSA ZenFone AR。

取自網路 https://www.asus.com/tw/Phone/
ZenFone-AR-ZS571KL/

圖 5.11 右：iPhone X 背面雙鏡頭。

取自網路 https://www.apple.com/tw/iphone-x/

AR 廣告或購物

　　AR 廣告可能改變產品曝光的通路方式，展示產品的途徑，可能會透過掃 QR Code 或其他圖碼系統，以 3D 動畫或圖像行銷於大眾市場。IKEA AR 提供大家更方便的購物方式，其他類似的企業也可以參考這樣的商業服務，將產品 AR 化利於消費。

視頻 360° 化

　　往後節目只要關乎旅遊觀賞或是現場體驗，都會需要支持 360° 全實景觀看效果，比如房仲業介紹買家看房子、旅遊業推銷景點、運動賽事、新聞…等。

特效軟體升級與高規格硬件

　　除了重現實景需求，電影業常用實境為背景、加上虛擬特效合成故事情節（圖 5.12），因此 CG 繪圖軟體（Autodesk Motion Builder、Maya…等）效果會越來越逼真，間接地帶動硬體需求：高效能CUP、繪圖顯示卡、記憶體…等設備的提升。

圖 5.12：Taylor Swift 所拍攝的 VR 音樂影片「Blank Space」，多鏡頭攝影加上電腦虛擬合成破壞車子效果。

取自網路 https://virtualrealityreporter.com/360-degree-music-video-taylor-swift-blank-space/

多鏡頭攝影器材

　　多視角攝影器材因為視頻 360° 化趨勢，造成一股新攝影方法潮流。攝影器材會出現多鏡頭集一身的特徵趨勢，除了前述因素，也可能為了協助實境與虛擬合成畫面。

而攝影器材的規格會有明顯的分類：專業級需求市場與一般消費市場。

專業級需求市場鏡頭特徵的目性有：同時間攝影 360° 的環境、或是環繞中心點攝影 360° 的目標物。

為了滿足上述畫面的目的性，攝影器材特徵會呈現多鏡頭放射狀球型體、或是放射狀圓環體，藉此達到同時間攝影 360° 的環境；許多業者已經發表類似的攝影器材（圖 5.13）：Nokia Ozo、Facebook Surround 360、Google Jump、Samsung Project Beyond VR…等。

Nokia Ozo
取自網路：https://ozo.
nokia.com/vr/

Facebook Surround 360
取自網路：https://www.
engadget.com/2017/
04/19/facebook-surround-
360-x24-x6/

Google Jump
取自網路：https://www.
blog.google/products/
google-vr/introducing-
next-generation-jump/

圖 5.13：360° 環境攝影器材。

另一種逆向掃描目標物需求，則是為了建立虛擬 3D 檔案，因此攝影器材會以環繞中心目標物陣列多方視角，同時記錄、採樣目標物的尺寸大小、表面材質或是質感，轉成 3D 虛擬檔，成為素材予後製單

位進行加工，於是 3D 人物與實際人物幾乎雷同，用這樣的仿造虛擬人物來執行難度較高、或是超乎一般限制可達成的任務。目前這樣的技術也可以輸出成 3D 列印檔案（圖 5.14）。

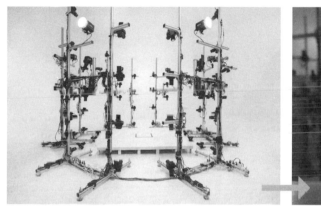

圖 5.14：**Wishing Well Asia** 環繞中列陣鏡頭，將中心目標物轉化為 **3D** 檔案並且可 **3D** 列印。

取自網路 http://www.wishingwellasia.com/services/

專業需求的攝影設備會如同上述有多鏡頭特徵、並且體積較大、軟體運算需要較好的硬體來執行、價格較高，非一般消費者可以接受的價格或是隨身攜帶使用。一般消費市場追求小體積方便攜帶、與手機相容性高、價格親民為主（圖 5.15）；目前市場除了注重相機規格，也為了區別化產品特色，分別講究隨身適應性能，比如：防水、耐摔…等功能。隨著 VR 攝影、軟體普及，這樣隨身擴充手機攝影的配件會越來越多。

| Ricoh Theta | GoPro Fusion | Insta360 One |

圖 5.15 左：**Ricoh Theta** 都市型隨身拍 **360°**。

取自網路 https://theta360. com/ct/about/theta/ sc.html

圖 5.15 中：**GoPro Fusion** 運動型隨身拍 **360°**。

取自網路 http://elproducente. com/gopro-fusion-360-vr- camera-review/

圖 5.15 左：**Insta360 One** 可加上防水外殼。

取自網路 http:// elproducente.com/insta360- one-360-4k-video-raw- photo-live-stream-review/

輔佐型配件或設備

VR 需要其他感官的輔佐，因此操作、偵感測配件會因此衍生。比如 Manus VR（圖 5.16 左）可以偵測五根手指頭的動作，做出握、拍、指等動作。Hardlight Suit VR 感測衣（圖 5.16 右），針對身體觸覺做加強效果，表現爆炸、槍戰等回饋效果。

圖 5.16 左：使用 **Manus VR** 手套控制 **HTC Vive**。

取自網路 https://manus-vr.com/press/index. html#images

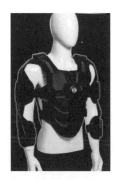

圖 5.16 右：**Hardlight Suit VR** 背心感測 **VR**。

取自網路 https://shop.hardlightvr. com/collections/front-page/ products/hardlight-suit

遊樂場所未來趨勢會開始輸入大型 VR 體感設備（圖 5.17 左），或是成立更多以 VR 體驗主題場所，或是 VR 影音廳（圖 5.17 右）。

圖 5.17 左：Steep Downhill Ski Simulator Ski Rodeo（極速滑降體感機 – Ski Rodeo）。

取自網路 https://blog.vive.com/tw/2017/07/13/vr-zone-shinjuku-bandai-namco/

圖 5.17 右：VR 影音廳概念示意圖。

取自網路 http://games.qq.com/a/20170606/041695.htm

VR 購物或互動視頻

未來購物平台可能提供 3D 虛擬或實物圖像，給上網購物的消費者參考，比如「淘寶推出 Buy+ VR 購物體驗」（圖 5.18 左）。

互動視頻也可能以實境重現的 VR 方式，進行人際互動或是會議討論（圖 5.18 右）；使用者可以在參加遠端會議時，透過手機裝置與大家一起進入議題；或是參觀展會時，透過現場連線看到更多的效果。

圖 5.18 左：淘寶推出 **Buy+ VR** 購物體驗。

取自網路 https://www.youtube.com/watch?v=-TarnccDplw

圖 5.18 右：**Face Book** 創辦人 **Zuckerberg** 舉辦發表會議時，讓大家都戴上 **VR** 裝置餐與會議。

取自網路 http://nerdsmagazine.com/facebook-wants-to-shape-virtual-reality-as-the-social-media-of-the-future/

5.3.15 穿戴式裝置取代智慧型手機

　　智慧型手機現在已經進入飽和期，大家都在想智慧型手機的取代者會是什麼，穿戴式裝置被認為是最有可能取代智慧型手機的產品。這有兩類可能，一類是智慧型手錶：從 Apple Watch 本身就有很多第三方客製 APP 可以從 App Store 下載，Android Wear 本身也支援第三方客製 APP 從 Google Play 下載，而 Samsung 的 Tizen OS 手機也都支援 APP 下載可以看出其想利用 APP 擴充功能及擴大生態系的想法，這是複製之前智慧型手機的成功模式。Apple Watch3 LTE 版，就是希望智慧手錶取代智慧型手機的那一天，它們能依然能有舉足輕重的地位。聯想在 2016 年展示了可彎的智慧型手錶（圖 5.19）：彎

曲戴在手上時是智慧手環，拿起來扳直時可以做智慧手機講電話，當場很受歡迎，作者認為這很有可能是未來的智慧型手機：整合手機與穿戴式裝置。

另外在 Google Glass 的時代，很多人也認為智慧眼鏡可能是最能取代智慧型手機的另一種形式，不過 Google Glass 因為 3G 輻射源太靠近人腦，並不是個良好的設計。接下來的取代智慧型手機的產品，輻射源勢必要遠離人腦或心臟這類人類的重要器官。

圖 5.19：聯想展示的可彎式智慧型手機概念機

取自網路 https://www.engadget.com/2016/06/09/a-closer-look-at-lenovos-bendy-concept-phone-and-tablet/

5.4.16 在家中使用智慧家庭裝置購物

在智慧家庭中常見的想像使用情境是智慧冰箱缺食物時，透過冰箱內的感測器發現，智慧家庭系統就會直接聯網在網路電商購買，送到家裡來，這樣就不用擔心會有缺食物無法料理的時候了。

現在使用 Amazon Echo 系列產品，就可以對 Alexa 下命令購物，而 Amazon 亞馬遜之前也在美國提供了 Dash Button 讓消費者發現缺物品時可以直接購買按鍵購買。這類透過物聯網裝置直接購買物品，從其帶給消費者的方便性，可知這是很不錯的商機。

不過之前就有消費者抱怨 Amazon Dash Button 買到的物品可能是以較貴價錢所買的，所以現在 Amazon Echo 會把之前買的價格以語音報出，讓消費者可以選擇要不要購入。

圖 5.20：Amazon Dash Button

取自網路 http://www.dashbuttondudes.com/blog/2
015/12/11/26-amazon-dash-button-hacks

5.4.17　廣告與促銷

有顯示幕就有廣告，不管是有螢幕的智慧手錶／手環，VR/AR/MR 功能的智慧頭盔／眼鏡，或是智慧家庭中裝置具備顯示幕的專置（如 Echo Look，據顯示幕的智慧冰箱…等等），都因為消費者可以看見或聽見資訊，而有可以散播廣告的商機。如使用 VR 頭盔在虛擬世界中，則可以在虛擬世界中的建築物刊登廣告來賺錢。

而這樣的商機搭配客戶需求與位置則更佳，例如消費者接近某間店舖時、進入店鋪、進入逛完後離開，都可以透過穿戴式裝置來推播促銷優惠，這樣的推播消費者比較不會反感。

5.4.18　專業訂製用途

之前提過台灣的紡織綜合研究所針對警察與消防隊員製作了專門用的智慧衣，專業運動員配戴穿戴式裝置可以強化訓練，Google Glass 更是透過遠端通訊協助醫生與工程的好幫手。

透過智慧眼鏡，警察甚至可以立刻聯網查到贓車與逃犯，其實這一類的應用很多，也難怪 Google Glass 第二代 Enterprise Edition 會針對企業專用。

接下來應該會有企業針對自己需求訂製穿戴式裝置的硬體或軟體，這是不錯的商機。

5.4.19 穿戴式裝置的未來長遠的可能發展

中國大陸的穿戴式裝置專家陳根在百度百家中說過，穿戴式裝置的發展將有四個階段：生命體特徵數據化→物聯網控制中心→人體感官的擴展→融合及取代人體器官。

其實，人類的進步都是為了讓自己的生活更方便，現在物聯網的控制中心是智慧型手機，但是智慧型手機現在已經由飽和期快將進入衰退期了，那下一代的替代智慧型手機的產品將是什麼？穿戴式裝置是很有可能的發展，之前 Google Glass 就很成功的連上網傳輸與得到資訊，而透過聲控來輸入事實上比手寫輸入更為直覺。

而現在手錶型的穿戴式裝置被詬病的是它的螢幕太小，顯示的訊息有限，要能突破必須能利用投影技術來擴充，目前已經有 Cicret Bracelet 產品做到 2D 投影在手臂上來做操作；另外手指太大造成無法精確選擇的困擾，在 Samsung Galaxy Gear S2 的轉盤式選擇找到了解法，而這種轉盤式的方式，也的確更人性化；或是變成之前提到聯想的寬顯示型手環直接顯示及操作，這是另一種解法。

雖說語音輸入很人性化，但是腦波輸入也是很不錯的一項選擇。有了好的輸入方式與顯示方式，穿戴式裝置是很可能成為未來物聯網的控制中心的。

至於人體感官的擴展，這樣的穿戴式裝置就如鋼鐵人的鋼鐵服裝一樣，強化人體感官的強度，除了有超大的機器力量之外，還能有千里眼與順風耳：透過電子視覺與聽覺強化自己的這兩個感官能力。

融合及取代人體器官，這其實是義肢的應用，現在其實已經有些穿戴裝置是強化手臂力量或協助走路的，到了科技越來越進步的時候，這樣的裝置可能會進化到生物晶片及人造皮膚之類的技術，在外表上完全分不出來跟正常人有何不同。

穿戴式裝置要成物聯網的控制中心，首先要能像現在智慧型手機一樣，不能有太多體系，現在百家爭鳴，什麼時候會收斂到只剩幾個體系，其實很難估計，但是成為人體感官的擴展或融合及取代人體器官，很可能會更早發生，所以我認為後面的這三個階段不見得會按陳根所預測的順序發生。不過這三個階段的確是未來穿戴式裝置可能發展的方向。

5.5 結論

穿戴式裝置、智慧家居、智慧健康的未來充滿了想像的空間，所帶來的商機與商業模式也必然會蓬勃發展，這就是之前張忠謀先生說的「Next Big Things」。

台灣目前在穿戴式裝置＋智慧健康的領域真的有很大的機會，尤其是智慧紡織品的部分，這是我認為台灣在後 PC 時代最可以發展的契機。而這必須放棄過去的大單思維，因為時代已經演進到大量客製化了，只有滿足客戶需求的利基產品，才是物聯網時代的台灣機會。而且，不只是要做產品，更是要做好系統跟服務，其實，這需要跨界，電子業＋紡織業＋醫療健康產業或電子業＋家電業＋家具業…等等各方面的合作，單打獨鬥，是走不出來的。

另外，我也看好台灣跟中國大陸兩邊未來的合作，用物聯網創造屬
於華人的光輝時代。

讀後思考：

1. 穿戴式裝置與智慧家居裝置，現在最大的風險有哪些？

2. 穿戴式裝置中，台灣現在已有的利基有哪些？

3. 從這些未來的商機中，哪個最有機會？為什麼？

從物聯網架構看技術

　　物聯網的系統層級有很多種說法，最簡單的說法是包含感測層、網路層跟應用層三層，還有的說法是在感測層之前另有實體層，工研院的說法是在網路層與應層間多了一層系統整合層（最主要是資料儲存、人工智慧與大數據分析），不管哪種說法，都只是一種分類方式。

附錄表一：物聯網技術

應用層：人工智慧與機器人 系統整合層：大數據、人工智慧…等等
網路層：2G/3G/4G、藍芽、ANT+、Wi-Fi、ZigBee、Z-Wave、LoRa、NBIOT…等等
感測層：氣體感測器、壓力/氣壓感測器、光感測器、GPS感測器……等等。
實體層：智慧紡織品材料、電池、螢幕、開發平台

　　接下來的各章，會針對這些分類來討論相關技術。

A. 感測層的主角 - 感測器

感測器，就是物聯網的感官，好比人類的五感（視覺、嗅覺、聽覺、味覺、觸覺），而針對穿戴式裝置、智慧家居及智慧健康常用的感測器有很多類，這樣的感測器在穿戴式裝置要做到很小，也就是所謂的微機電系統（Microelectromechanical Systems，縮寫為 MEMS），也就是微米（1／106米）大小的機電系統。這樣我們的系統才能夠做到夠小，才能被消費者接受。而因為這樣的感測器都還要傳出它內部的感測訊號，所以這些感測器實體上都還會加上能夠通信的傳輸元件，而傳輸的方法會在網路層的通信技術中介紹。

以下就最常見的幾種感測器來做介紹：

1. 氣體感測器

氣體感測器是將氣體中含有之某種氣體轉化成對應電訊號的轉換。在家中常用的感測氣體需求為天然氣（甲烷、乙烷、丙烷、丁烷）、二氧化碳跟一氧化碳。他們可用半導體氣體感測器與紅外線氣體感測器。

半導體微機電（CMOS-MEMS）氣體感測器是利用某些金屬氧化物的半導體材料，在一定溫度下的導電率隨著待測氣體的成份而變化的原理而做成的。紅外線氣體感測器是利用這些氣體對特定波長的紅外線吸收很強的原理做成的。

2. 壓力／氣壓感測器

MEMS 壓力感測器有壓阻式與電容式兩種，壓阻式感測器是當受壓時，壓阻材料發生形狀改變，影響其電阻值，而因此由形狀改變的程度，可以算出其對應壓力。

電容式 MEMS 壓力計如下圖 A.1。當電容式 MEMS 壓力計受到外部壓力作用時，薄膜會因為外界環境的壓力而改變形狀，並改變薄膜與下電極間的距離，壓力改變時距離也改變，此時的壓力差會導致電容值改變，依此電容值改變可以算出對應的壓力。

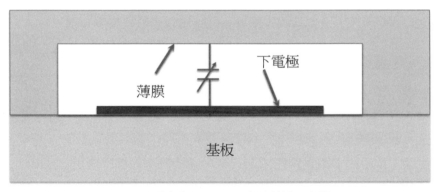

圖 A.1：電容式 **MEMS** 壓力計結構示意圖

製圖者：裴有恆

3. PM2.5 感測器

這主要是利用光射到空氣中的灰層會反射或折射的原理來檢測空氣中的灰層含量，一般是用紅外線或者其他可見光雷射來做光源。

尤其現在中國大陸的霧霾往台灣散佈，而在台灣，南部區域的工業污染也越來越嚴重，造成台灣空氣品質不良，PM2.5 越來越高，影響健康，這讓這類的感測器受到重視。

4. 光感測器

光感測器是利用光敏元件（對光敏感的元件）將光訊號轉成電訊號。一般常用在智慧家居中的是紅外線感測器組合做防盜警報、來客告知和非接觸開關，而穿戴式裝置有的會使用紫外線感測器以了解太陽發出的紫外線狀況。

紅外線感測器組通常會有發射器與接收器。由發射器發出紅外線訊號，接收器根據接受到的紅外線訊號做反應。紫外線感測器是利用在陰極與陽極間加上電壓，有紫外線透過石英玻璃管照射在光電面的陰極時，作用後阻抗減低，產生大電流。沒有紫外線時，會有很大的阻抗，此時幾乎沒有電流通過。

現在用的紫外線偵測器是在高階的智慧手錶才用到。

5. GPS 感測器

全球定位系統（Global Positioning System，縮寫 GPS），是美國國防部在 1994 年建成的系統，利用地球上方的 24 顆 GPS 衛星，發出標準定位服務的微波（波長 1 米～ 10-3 米）訊號，只要三顆衛星的訊號就可以定出位置。如果四顆衛星還可以得出標準時間。現在 Google 的導航與大部分的導航系統都是以這個定位系統為主。

現在地球上還有蘇聯發射的 24 顆衛星（21 顆工作衛星與 3 顆備份衛星）所組成的全球導航衛星系統（Global Navigation Satellite System，縮寫為 GLONASS）可以導航。另外歐盟發射了衛星做伽利略定位系統，中國發射了衛星做北斗導航系統，這兩個系統 2020 年才會完成佈建，開始完整工作。

目前是高階的智慧手錶與手環才會有 GPS 感測器。

6. 加速度感測器與陀螺儀

加速度感測器是測量自身的運動用，專門測試慣性。陀螺儀是一種感測與維持方向的裝置，基於角動量守恆的原理設計出來。我之前在神達電腦的時候，當沒有 GPS 訊號的時候（如在隧道、地下停車通道），可以利用陀螺儀跟加速度感測器知道設備本身的移動位移與移動角度，這樣就可以算出位置上的移動，不過之前的經驗是還是會有些誤差。

現在智慧手機或平板幾乎都有這兩個感測器，而在某些高階的智慧手錶有用到這兩個感測器。

7. MEMS 溫濕度感測器

溫度感測器直接使用熱敏電阻，這是一種電阻值隨溫度改變的電阻，而體積也會隨著溫度變化，使用的材料通常是陶瓷或聚合物。

MEMS 溫濕度感測器是將溫度及濕度感測器做在一起。濕度感測器多由強化型金屬氧化物半導體場效電晶體（Metal-Oxide-

Semiconductor Field-Effect Transistor，縮寫：MOS-FET）與具有感溼性樹脂膜構成，此樹脂膜會因吸水而使阻抗值由高阻抗變成低阻抗，因此可以知道溼度值。

在穿戴式裝置上會使用溫度感測器量體溫，在智慧家居會使用溫溼度感測器量室內溫溼度。

8. 心率監測器

心率測量可以用光體積變化描記法（Photoplethysmography，縮寫為 PPG），也就是血管中的血量變化的光學測量，或是心電圖（Electrocardiography，縮寫為 ECG）。

PPG 心率測量是利用輸送到動脈的血量隨著心臟跳動的週期而有不同，但是心臟以有節奏的週期收縮以排出血液和舒張以吸入血液。所以在收縮時流過動脈的血液較多，但是在舒張時則較少。因為血液是紅色的，也就是血液會吸收綠光反射紅光，而感測器則是綠光 LED 及對應的感光的光電二極體，測量手腕時效果最好，由光源發出的光直接放在皮膚上時會穿過皮膚，到達血管，由被吸收的綠光在收縮時較多而舒張時較少可以得知其週期時間，而推算出心臟跳動頻率，Apple Watch 就是利用這個方式測量心率。 不過 PPG 易受移動時所產生的雜訊所影響，所以 Apple Watch 在官網上會有「為求最佳效果，請盡量貼合」的警語。

心電圖（Electrocardiograph，ECG 或 EKG）心率量測是另外一種做法。在心肌細胞處於心肌細胞膜兩側存在由正負離子濃度差形成的

電壓，而當此電壓迅速往 0 變化，並引起心肌細胞收縮的過程叫做去極化。在每次心跳，心肌細胞去極化的時候，會在皮膚表面引起很小的電的改變，這個小的電的改變捕捉放大即可產生心電圖。心電圖可以反應整個心臟跳動的節奏，以及心肌薄弱的部分。神念科技的技術就是量測 ECG。

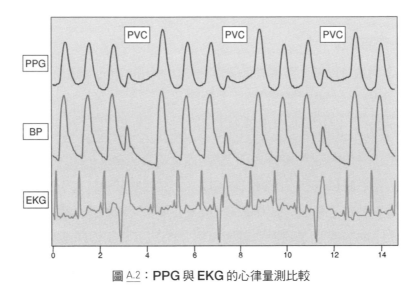

圖 A.2：**PPG** 與 **EKG** 的心律量測比較

來源：Wikipedia CC 授權 作者：Spl4

9. 腦波量測器

腦波量測使用腦電圖（Electroencephalograph, EEG）（圖 A.3）：是通過腦波感測器，將人體腦部自身產生的微弱生物電於頭皮處收集，並放大紀錄而得到的曲線圖。神念科技利用他們的特殊演算法，讓人類可以透過用他們晶片的儀器來用腦波做一些輸入的功能。

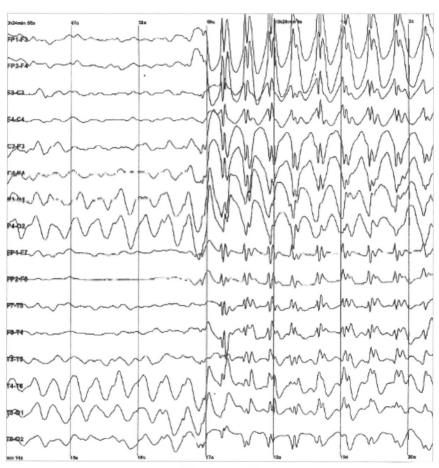

圖 A.3：腦電圖

來源：Wikipedia CC 授權　作者：Der Lange

10. 圖像感測器

　　圖像感測器（Image Sensor）是一種將光學圖像轉換成電子訊號的設備。分為感光耦合元件（Charge-Couple Device，以下稱 CCD 圖

像感測器）跟互補式金屬氧化物半導體主動像素感測器（CMOS Active pixel sensor，以下稱 CMOS 圖像感測器）兩種。

CCD 圖像感測器運作原理適當光投射到其表面時，會有訊號電荷產生，電荷訊號轉化成電壓，並按指定的時間序列將圖像訊息輸出。然後其他電路將這訊號轉成數位訊號。

CMOS 圖像感測器是在每個光電感測器附近都有相應電路直接將光能量轉成電壓訊號。其他電路則將此電壓訊號轉成數位訊號。

同等條件下，CMOS 圖像感測器所用元件數相對於 CCD 圖像感測器更少，功耗也因此較低。

圖像感測的重點是影像識別，這是屬於軟體的演算法，目前應用在智慧家居的有幾種：影像位移偵測技術、人像臉部辨識技術、火災煙霧偵測技術。影像位移偵測技術是在監控畫面中發現有異常活動時立刻發出警報；人臉辨識是用在家庭視訊保全／生物辨識偵測，偵測到是屬於家庭的一分子才讓他進出家裡，不認得的人會把影像透過網路傳給設定的主人，由主人決定下一個動作。

圖像感測器現在最重要的用途是做影像辨識用或照相用途，在智慧家居、智慧眼鏡或智慧手錶上都使用到。在蘋果最新版的 iPhone X 導入了臉部辨識來開機的機制。

11. 指紋感測器

生物特徵為辨識特定身分用，其中最小的是指紋模板，也因此讓指紋辨識成了身份辨識的主要方式。

常見的指紋感測器有兩種：半導體式（也就是 MEMS）與光學式。

半導體式指紋感測器常見的應用原理有電容感測、壓力感測、熱感測等。以最常見的電容感測器而言，其原理是將高密度的電容感測器，整合在一晶片上，在指紋按壓晶片表面時，內部的電容感測器會根據指紋波峰與波谷而產生的不同電荷量，形成指紋影像。蘋果的 iPhone 5s、iPhone6、iPhone6s、iPhone7、iPhone8 等智慧型手機上的指紋辨識採用的就是電容感測器。因為電容式感測器很薄又很小，可以用在手持裝置上，不過成本高是最大的問題。

光學式感測器是利用光源、三菱鏡、CCD 組成一套指紋採集設備，手指按壓三菱鏡後，在光源的反射後 CCD 會得到指紋的影像，這個方法的優點是價格低且耐用，中正機場的快速通關及美國、日本海關的指紋採集與辨識都是用這個方法。目前有廠商應用在智慧家居的門口進出門鎖的身份辨識。

半導體式指紋感測器與光學是感測器都有其對應的軟體演算法，這是用軟體去分析指紋掃描後 500dpi 灰階影像，找出 10~40 個特徵點，從中找出主要特徵點上的幾何圖案的角度與距離，並將此紀錄在記憶體內的資料庫，以後新的掃描進來，就比對這些資料，看是否符合。

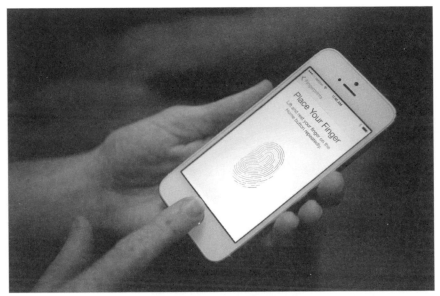

圖 A.4：**iPhone** 的指紋辨識

取自網路 https://www.wired.com/2013/09/
iphone-fingerprint-ends-pin/

12. 虹膜感測器

在電影關鍵報告中，其中有一幕是湯姆・克魯斯走過百貨公司，他的虹膜被掃瞄之後，虛擬人物立刻跟他問好的情節，這就是虹膜感測器的應用，另一種生物特徵辨識。

眼球的中央點黑色部分為瞳孔區，其外圍為虹膜區（圖 A.5），最外圍白色部分為眼白。虹膜表面有很多條紋溝和小坑，其形成的圖形有豐富的紋路和結構性特徵，這在母體胚胎時即已成形，除非癌症或

角膜軟化症之類的病變造成變化，不然不會有變，只會有年齡漸長造成的色素沉積。

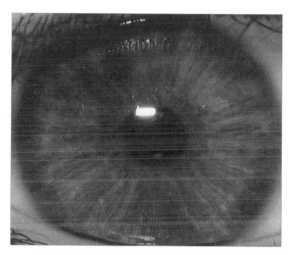

圖 A.5：虹膜

來源：Wikipedia CC 授權　作者：Matthew Goldthwaite.

　　虹膜辨識系統是由專業的紅外線攝影機讀取網膜影像，接下來透過演算法找出特徵點，然後把特徵點資料跟資料庫內的特徵點資料比對，看是否符合。

　　虹膜辨識的準確度是生物辨識中最高的，但是價格是一般指紋感測器的兩倍，Samsung Galaxy S8 就有用到虹膜辨識。

13. 靜脈感測器

　　利用手指內的靜脈分布圖來進行身份辨識。因為每個人手指靜脈的形狀有唯一性以及穩定性，而同一個人不同手指靜脈圖像也不相同。

健康成年人靜脈形狀不再發生變化，是很好的身份辨識感測方式。[25]

日立 2005 年開發此系統並獲得專利，分為紀錄流程與認證流程。

紀錄流程為將手指插入具備近紅外線 LED（發光二極管）光和單色 CCD（電荷耦合器件）照相機的感測器中。血液中的血紅蛋白吸收近紅外 LED 燈光，則靜脈系統在相機記錄上呈現黑暗線條圖像，然後數位化認證並傳送到註冊圖像的資料庫。

認證時，手指被掃描後將相關資料發送到註冊圖像的資料庫進行比對。認證流程需時兩秒鐘內，十分快速。[26]

圖 A.6：靜脈感測器看到的靜脈圖

取自網路 http://www.zkteco.com.hk/fundamental-finger-vein-recognition/

---

25 資料來源：台灣 WiKi
26 資料來源：https://en.wikipedia.org/wiki/Finger_vein_recognition

14. 生物感測器

生物感測器（圖 A.7）是智慧健康／醫療應用在物質或分子的辨識方法，同時應用到生物的辨識機構或原理。包含酵素、抗體、抗原、接受體、蛋白質、核酸…等等生物物質對於某種分子的特殊反應。基本結構與流程如下圖：

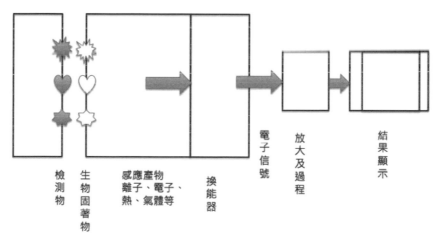

圖 A.7：生物感測器的基本結構與流程

資料來源：http://140.128.142.86/yclclass/
Biotechnology/2004sep/Biosensor1.pdf

透過上面提到的生物物質與檢測物反應前後的差異變化，感應出來的產物在換能器轉換成電能，放大對應的電子信號後，就形成了檢視結果。

生物感測器的分類有酵素感測器、免疫感測器、受體感測器、微生物感測器、細胞與組織感測器與核酸感測器。解釋如下：

1. 酵素感應器是利用酵素會對於某一特殊物質產生選擇性反應，例如檢測葡萄糖可利用葡萄糖氧化酵素偵測反應中會與氧產生化學作用形成葡萄糖酸和過氧化氫。

2. 免疫感測器是利用抗原對於此抗原有特異性辨識能力的抗體相互反應結合形成免疫複合體，來偵測抗原或抗體的存在，不過抗原或抗體保存不易，重複使用次數有限是其很大的缺點。

3. 接受體感測器的原理是利用生物體內對某一特定物質可能有對該物質的特殊接受體，而且彼此間有特殊的結合能力。這個感測器比酵素更敏感而快速，不過反應後常因立體結構改變而失去原來的特異性，且活性不易保存是其缺點。

4. 微生物感測器是以微生物內部酵素系統與代謝系統綜合而成的感應現象。不過干擾嚴重，必須去干擾，而且微生物會死亡，造成菌體酵素保存不易。

5. 細胞與組織感測器是利用動植物的細胞體與組織內複合酵素和代謝系統的整體反應來推演反應物的濃度。優點是組織處理容易、可維持活性；但是複雜度高、檢測時間長，敏感性低為其缺點。

6. 核酸感測器是利用具代表性的核酸片段與欲偵測核酸的對應部位融合，廣泛用於傳染性疾病和遺傳學基因分析上。

這些感測器被廣泛用於臨床診斷上，是智慧健康／醫療上很好的應用。

15. 臉部感測器

使用臉部辨識是新一代的認證技術。

2017 年蘋果公司在 iPhone X 中使用 Face ID 的臉部感測辨識技術，做法是利用 Dot Projector 產生人眼不可見的 30,000 個不可見的紅外光來照臉，產生一個專屬於使用者的面部 3D 具備深度的圖形，將其儲存起來當做辨識用的基準。當進行 Face ID 解鎖時，將會利用同樣的做法，產生用戶的另一個臉部 3D 圖形，將這兩個圖形做比對，比對成功就解鎖。為了達成精準又快速的圖形比對，蘋果開發了自己的人工智慧「神經引擎（Neural Engine）」。神經引擎是透過蘋果 iPhone X 的強力處理器 A11 Bionic 的 ASIC（Application Specific IC，針對特殊應用設計的晶片），執行每秒高達 6000 億次操作達成。

中國的智慧型手機廠商小米則使用中國人工智慧獨角獸「曠世科技」的影像辨識技術做臉部辨識開機；Oppo 將使用「商湯科技」的臉部影像辨識技術。曠世科技與商湯科技使用的人臉辨識技術是以臉部特徵針對大量影像資料庫的深度學習，而能發現準確率高的分類器，透過這些分類器針對所取得的影像在雲伺服器上做快速比對。

圖 A.8：**iPhone X** 的臉部辨識在蘋果發表會解說

取自網路 https://www.theverge.com/2017/9/12/16298156/apple-
iphone-x-face-id-security-privacy-police-unlock

B. 網路層的主角 - 通信技術

　　通信技術顧名思義是指一個設備透過發射訊號跟其他設備通信的技術，在穿戴式裝置常用的是 2G ／ 3G ／ 4G、藍芽、Wi-Fi，在智慧家居中使用的常用的是 KNX、C-Bus、Wi-Fi、Zigbee、Z-Wave、Thread，另外廣域低功率的傳播更是最近討論的重點，這邊列入最受歡迎的 Sigfox、LoRa 跟 NB-IoT 兩種技術。

1. 2G ／ 3G ／ 4G 及 NB-IOT

這裏的 G 是指 Generation，2G ／ 3G ／ 4G 分別代表第二代、第三代跟第四代的行動通訊技術。這些通訊技術都是架在蜂巢式網路上。

蜂巢式網路（圖 B.1）是因為構成網路覆蓋的個通訊基地台的訊號覆蓋呈六角形，跟蜂巢相似而得名、透過綿密的覆蓋，造成數位通訊能時時暢通。

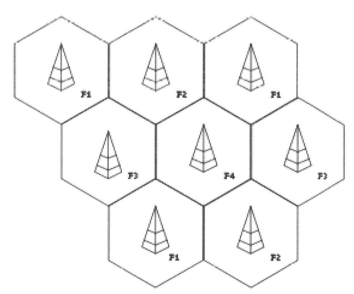

圖 B.1：蜂巢式網路示意圖

來源：Wikipedia CC 授權　作者：Andrew pmk

其實另外還有第一代的行動通訊，就是以前很大黑金剛時代的大手機用的，其為類比系統，不能傳送資料，所以我們不予討論。

在台灣的第二代行動通訊是 PHS（Personal Handy-Phone System）與 GSM（global system for mobile communication）系統，是以分時多工（Time division multiple access，縮寫：TDMA[27]）方式達成以數位方式傳輸語音，並加入了簡訊系統。

PHS 系統因為發射功率較 GSM 小、蜂窩覆蓋範圍也較 GSM 小，所以覆蓋大面積時較 GSM 要用更多基地台。一般在城市中使用，現在台灣唯一使用 PHS 系統的大眾電信在 2015 年 3 月 31 日停止營業。

GSM 系統對資料傳輸緩慢，所以後來發展出 GPRS 中速傳輸，利用 GSM 沒用到的 TDMA 頻道來做數據傳遞（最大約 100kbp[28]）。現在台灣的第二代行動通訊系統已全面升級到第三代與第四代通訊系統了。

3G 是指第三代行動通訊技術，規格名稱 IMT-2000（全名 International Mobile Telecommunications-2000），是指支援高速資料傳輸的蜂巢移動通訊技術，3G 服務可以同時傳送聲音及資料。3G 在台灣有 CDMA-2000（當年僅亞太電信）及 W-CDMA（其他的 3G 電信公司）[29] 兩種標準。3G 在室內要能支援 2Mbps、室外支援 384kbps、行車時支援 144kbps 的傳輸資料速度。WCDMA 的系統後來更升級到 3.5G 系統（HSDPA 高速資料封裝傳輸），可達下傳 14Mbps，上船 5.8Mbps 的速度。

---

27 分時多工系統是允許不同的用戶在不同的時間片段（時槽）來使用相同的頻率。

28 bps：bit per second，是指每秒能傳送的 bit 數，而 8bits=1byte。

29 CDMA 為分碼多重進接（Code Division Multiple Access），在 3G 時有兩個標準 -WCDMA 及 CDMA2000。WCDMA（Wideband CDMA）為通用行動通訊系統（Universal Mobile Telecommunications System，縮寫：UMTS）的無線介面，可由 GSM 的系統升級而來。CDMA2000 為高通（Qualcomm）發展的 3G 另一系統。

4G 是指第四代行動通訊技術，按 ITU 的定義，4G 靜態傳輸速度可以達到 1Gbps，高速移動狀態下傳輸速率可以達到 100Mbps。但是台灣的 4G 的系統 LTE[30]、WiMAX[31] 並達不到這個速率。

台灣目前用的 LTE 是 LTE FDD（分頻雙工），支援最高下行 150Mbps，上行 40Mbps。

台灣的 WiMAX 在 2015 年 12 月裁定頻譜交回。

目前蘋果手錶 Apple Watch 3 LTE 版、三星的高階智慧手錶及 Google 眼鏡等等裝置會用 4G 或 3G 傳回資料。

NB-IOT 記錄在 LTE-Cat M2，在 3GPP Release 13 中才有明確定義，專門針對長距離低功率的感測器使用（應用在環境感測、智慧農業、智慧城市的路燈與空氣品質監測、智慧停車與智慧電表…等等），最大通訊距離 15 公里，使用 7~900MHz 頻段[32]，發射功率 23dBm，傳輸峰值 20~50Kbps（最大 150Kbps），使用頻寬 200KHz[33]。

另外 LTE-Cat M1，在 3GPP Release 12 中有明確定義，是針對穿戴式裝置、車用物聯網、有圖片傳輸的安全監控…等等強調移動性與較高傳輸量應用的協定，使用頻段一樣為 7~900MHz 頻段，發射功率 20dBm/23dBm，傳輸峰值 1Mbps，使用頻寬 1.4MHz。

---

30 LTE：Long-Term Evolution，高速下行封包結網 4G 的過渡版本。

31 WiMAX：Worldwide Interoperability for Microwave Access，全球互通微波存取，是一種主要用在都會網路的無線數據網路標準。

32 資料來源：http://www.digitimes.com.tw/tech/dt/n/shwnws.asp?id=0000461675_jgm7a4hk6ryfhu6gx89i6&ct=1

33 資料來源：從 5G 發展趨勢看營運商在 LPWAN 領域布局 by DIGITIMES Research 分析師吳伯軒

2. 藍芽

藍芽（Bluetooth，縮寫 BT）通信技術是用來讓裝置（固定或移動）間，在短距離交換資料。藍芽使用短波特高頻（Ultra High Frequency，縮寫為 UHF）無線電波，經由 2.4GHz 到 2.485GHz 來進行通信。是 1994 年由易利信（Ericsson）發展出的技術。

1999 年，新力易利信（SONY Ericsson）、國際商業機器（IBM）、英特爾（Intel）、諾基亞（Nokia）及東芝（Toshiba）等公司創立了特別興趣小組（Special Interest Group, SIG）為藍芽技術聯盟（Bluetooth Special Interest Group）的前身。1999 年 7 月推出 1.0 版，2001 年推出 1.1 版（速率 <1Mbps），SIG 後來更推出了 1.2、2.0 版，增加了其他新功能，像是 EDR（Enhanced Data Rate，配合 2.0 的技術標準，將最大傳輸速率提升到 3Mbps）、A2DP（Advanced Audio Distribution Profile，音軌分配技術，主要應用在立體聲耳機）、AVRCP（A／V Remote Control Profile）。簡單的遠端影音遙控），那時藍芽最主要的功能還是在耳機上使用。

藍芽 2.1 + EDR 版本於 2007 年 7 月頒布，增加了省電功能 sniff，使裝置間聯繫時間延長到 0.5 秒而造成省電效應卓著。而藍芽 3.0 + HS（High Speed）版本於 2009 年 4 月頒布，最主要是提高最高速率到 24Mbps，不過藍芽 3.0+HS 的協定似乎不多人使用。

藍芽 4.0 版本在 2010 年 7 月推出，特色是支援省電：有「低功耗藍牙」（BLE，Bluetooth low energy）、「傳統藍芽」、「高速藍芽」三

種模式。高速藍芽模式為資料傳輸用，傳統藍芽模式為裝置連線與資訊溝通用，低功耗藍芽模式下非常省電。藍芽 4.1 是藍芽技術聯盟在 2013 年底推出的新規範，推出 Bluetooth Smart[34] 技術，希望成為物聯網發展的核心動力。支援多裝置連接，而且增加設置裝置間連接頻率的支援，這樣裝置就可能更智慧控制電量。藍芽 4.2 在 2014 年 12 月推出，目的是讓 Bluetooth Smart 範圍涵蓋個人感測器到智慧家庭，讓感測器可以透過 Ipv6 直接連上網際網路，導入了隱私權設定及加密技術，讓藍芽更好的支援物聯網產品。

藍芽 5.0 在 2016 年 6 月推出，有效距離理論上達 300 米，傳輸速度上限為 24Mbps，支援室內導航功能，結合 Wi-Fi 可達室內定位小於一米效果。

藍芽技術現在在穿戴式裝置上應用的很多，尤其是在穿戴式裝置與智慧型手機的連線通信上。藍芽 Mesh 功能於 2017 年 7 月推出，就是為了進入物聯網其他領域的應用。

3. ANT+

ANT+ 是 ANT 無線網路的一個子集合，這是由 Garmin 的子公司 Dynastream 所創立的一個專有協議，目前有一些穿戴式裝置、血糖儀、血壓計、心率監控儀或照明控制使用此技術。

---

[34] Bluetooth Smart：物聯網感測器支援 BT2.1+EDR 及 BLE 會給與「Bluetooth Smart」
Logo，而接受此設備資訊的主機，則給予「Bluetooth Smart Ready」logo

ANT 無線網路協定使用 2.4GHz 頻帶，可使用點對點、星型、樹狀、網狀網路，傳輸距離最大 30 米，使用 64bit 加密。最大速率可達 128kbps。

現在使用 ANT 網路的公司有 Adidas、Fitbit、Garmin、Nike、GEONAUTE、SUUNTO 和 Tacx。

4. Wi-Fi

Wi-Fi 是一個建立於 IEEE 802.11 標準的無線網路技術。Wi-Fi 第一代 802.11，1997 年制定，只使用 2.4GHz，頻寬 20MHz，傳輸速率最快 2Mbps；第二代 802.11b，1999 年制定，只使用 2.4GHz，頻寬 20MHz，傳輸速率最快 11Mbps；第三代 802.11g ／ a，2007 年制定，分別使用 2.4GHz 及 5GHz，頻寬 20MHz，傳輸速率最快 54Mbps；第四代 802.11n，2009 年制定，可使用 2.4GHz 或 5GHz，20MHz 和 40MHz 頻寬下傳輸速率最快為 72Mbps 和 150Mbps；第五代 802.11ac，2011 年制定，5GHz 頻道，80MHz 頻寬下傳輸速率可達 433.3Mbps，而 160MHz 頻寬可選擇是否支援，支援時傳輸速率可達 866.7Mbps。Wi-Fi 的 Mesh 功能 802.11s 整合在 2012 年的版本。

Wi-Fi 的連結一般需要一個或多個存取點來組成高覆蓋的上網空間，網路連線裝置連上存取點再連上 Intent。2009 年 10 月公布了 Wi-Fi Direct 連線軟體協定，讓 Wi-Fi 裝置可以不必透過存取點，以點對點的方式直接與另一個 Wi-Fi 裝置連線，以進行高速資料傳輸，

Wi-Fi Direct 架構在 802.11 a ／ g ／ n 之上，最大傳輸距離 200 公尺，最大傳輸速率 250Mbps。

為了達成讓 3C 裝置可透過無線方式分享畫面，Wi-Fi 聯盟於 2012 年制定了 Miracast 協定，以 Wi-Fi Direct 為基礎，如手機上的多媒體可以分享到支援 Miracast 的智慧電視，兩者就可以同步看同一部影片。

因為 Wi-Fi 的可擴展性好，移動性強，很多智慧家居的產品都用 Wi-Fi 做主要傳輸協定，像現在蘋果與小米是用 Wi-Fi 做智慧家居系統的中控傳輸協定。而可透過手機操控的智慧家居產品，也都是透過 Wi-Fi。不過 Wi-Fi 耗能高，是它最大的問題。所以在 2016 年的 CES 展覽（以下稱 CES 2016），Wi-Fi 聯盟宣佈推出 Wi-Fi Hallow，傳輸距離大兩倍，不再受牆壁阻礙，也更省電。

5. ZigBee

ZigBee 是以 IEEE 802.15.4 為基礎的一套通信協定，具有低成本、低功耗的數位無線傳輸技術。ZigBee 可以傳輸 50-100 米。ZigBee 網路支援星狀、樹狀及網狀網路。在使用網狀傳輸時，透過中間設備，它可以傳得更遠。ZigBee 通常是用於低速率傳輸運用、需要長電池壽命和安全性的網路（使用 128bit 對稱加密金鑰）。但 ZigBee 最高可傳輸 250Kbps 的速率，很適合物聯網感測器的間歇性的資料傳輸。

ZigBee 的工作頻段全球 2.4GHz，美國是 915MHz，歐洲是 868MHz。分別對應最高 250kbps，40kbps 及 20kbps 的傳輸速率。

ZigBee 的設備有三種類型：

1. ZigBee 協調器：系統中最有能力的設備，可以做樹狀網路的根或橋接到其他網路。它儲存了包含信任中心及安全金鑰的相關信息。

2. ZigBee 路由器：作為中間路由器，傳遞其他設備的資料。

3. ZigBee 終端設備：這樣的設備無法傳遞別人的資料，只能傳自己的資料出去，不用時可以睡著，所以最省電，需要最少的記憶體，所以也最便宜。

在一般情況下，ZigBee 協議都把無線電的打開時間最小化，以降低電力耗損。ZigBee 的網路節點數最大可達 65000 個。在 ZigBee 聯盟的努力下，很多智慧家居的產品都支援 ZigBee。不過因為不同應用需求，ZigBee V1.2 了提供了 ZigBee Home Automation、ZigBee Light Link、ZigBee Building Automation、ZigBee Retail Services、ZigBee Health Care 及 ZigBee Telecom Services 等應用規範。ZigBee V 2.0 則增加 ZigBee Smart Energy Protocol（簡稱 SEP）2.0 智慧能源之設計規範。

在 ZigBee V1.2 版開始，增加了 ZigBee Pro 特色集的規範以強化原來 ZigBee 的能力。ZigBee Pro 特色集含有隨機選取路由、一對多路由及多對一路由、安全機制加強、利用分割與重組的功能傳輸超過

84 位元長度的資料。

ZigBee 聯盟在 ZigBee 3.0 標準統一了過去 ZigBee 為各式設備所提供的上述不同應用規格，為龐大使用 ZigBee 協定的物聯網裝置打通連結管道。ZigBee 3.0 運作在 2.4GHz 頻段，利用 ZigBee Pro 特色集的網路規格為低耗電、小型裝置進行相互溝通。

ZigBee 協定現在被廣泛用於很多智慧家居的產品。ZigBee 在 CES 2016 中宣布與 Thread 合作，相容彼此的溝通協定。

6. Z-Wave

Z-Wave 的特性是低成本、低功耗、短距離（室內 30 公尺、室外約 100 公尺），工作頻段，中國大陸與歐洲：868.42MHz，美國：908.42MHz、以色列：916MHz、香港：919.82MHz、澳洲／紐西蘭：921.42MHz、印度：865.2MHz、日本／台灣：922MHz。資料傳輸速度有 9.6kbps、40kbps 及 100kbps。

Z-Wave 聯盟因為有思科（Cisco）、英特爾（Intel）及微軟（Microsoft）等 IT 大頭協力而開始受重視，不同於其他無線通信技術，Z-Wave 就是針對智慧家居而產生的通訊協定。Z-Wave 因為擁有相對較低的傳輸頻率（900MHz 上下），相比於 2.4GHz 技術，訊號波的繞射能力很強，可以繞過障礙物來達到通訊的目的。Z-Wave 的動態路由與網狀網路架構，讓他可以控制超過工作距離以外的產品：例如要控制室內 30 公尺外的 C 產品，可以透過先傳給傳輸距離內的產品 A、再由 A 傳給產品 B，最後由 B 傳給 C。這是因為再

Z-Wave 網路中，每一個節點都有一個路由表，而該節點入網時，該節點會透過控制器存入所有路由資訊。

因為 Z-Wave 使用統一規格與標準，所有產品的操作與使用方式基本上都一樣。據鉅亨網報導，Z-Wave 發起公司 Zensys 業務開發副總裁 Raoul Wijgergang 說：「ZigBee 設計由於面向多種市場，則需要更多記憶體，因此成本會相對更高。而產品成本是家用市場的核心因素，Z-Wave 的設計成本僅僅為 ZigBee 的一半左右。」，由此看來，用 Z -Wave 的產品比 ZigBee 省錢。

7. Thread

2014 年 7 月谷歌（Google）旗下的 Nest Labs 宣佈跟三星（Samsung）、安謀（ARM）、飛思卡爾（Freescale）、Silicon Labs…等等公司成立了 Thread Group. 使用 Thread 為這個群組產品的共通協定。

Thread 是以 IEEE 802.15.4[35]，加上 IPV6[36] 為基礎的一套通信協定，也是專門為智慧家居而訂定的通信協定，本身也是網狀網路式的傳播方式。因為可以用 IP 定址，他的加密方式是以 AES 加密[37]。一個網路中最多支援 250 個設備。

---

[35] IEEE802.15.4：這是 IEEE 文件的編號，IEEE 是電機電子工程師協會
[36] IPV6：網際網路通訊協定第六版，互聯網協定的最新版本。我們之前用的是 IPV4，也就是他的第四版。
[37] AES 加密：密碼學的高級加密標準，又稱 Rijndael 加密法，是美國聯邦政府採用的一種區塊加密標準。這個標準用來取代原來的使用 56 位元加密的 DES（資料加密標準）

Thread 協定現在是用在 Nest 及 Thread 群組的智慧家居產品，Google onHub 也支援。

8. LoRa & Sigfox

LoRa 全名 LoRaWAN，是一種低功耗、低成本、安全的物聯網雙向無線網路協定。LoRa 適用在長距離、低成本、以電池控制的感測器。LoRa 1.0 的白皮書在 2015 年 11 月公佈。

LoRa 跟 NB-IoT 不同，NB-IOT 在 3CPP 訂定下，使用現有 4G/5G 專用頻譜的一小段，LoRa 使用非專用頻道（所以有可能被其他電波干擾），覆蓋範圍 157db，發射功率 14dbm，傳輸峰值 0.3~50Kbps，使用頻寬有 125、250 及 500KHz，支援漫遊。將應用於環境感測、智慧農業、智慧城市的路燈與空氣品質監測、智慧停車與智慧電表等應用。[38]

Sigfox 協定是成立於 2009 年的法國電信公司 Sigfox 所開發，跟 LoRa 一樣使用非授權專用頻譜。Sigfox 的網路性能特徵為每天每設備 140 條消息，每條消息 12 個 bytes，無限吞吐量達 100bits/ 每秒。

Sigfox 覆蓋範圍 160db，發射功率 14dbm，傳輸峰值 100 bps，使用頻寬有 100KHz。將應用於智慧家庭、能源相關的通信、智慧健康／移動醫療、智慧交通（包含汽車管理）、遠程監控、智慧零售、智慧安防等應用。

---

[38] 資料來源：從 5G 發展趨勢看營運商在 LPWAN 領域布局 by DIGITIMES Research 分析師吳伯軒

9. KNX

KNX 是針對智能建築的以 OSI 7 層架構[39] 的網路通信協定。KNX 定義了幾種物理通信媒介體：雙絞線、電力線、無線電（KNX-RF 模式）、乙太網路[40]（IP 模式）。

KNX 符合國際標準 ISO ／ IEC-14543-3、歐盟標準 EN-13321-1 及 EN-13321-2 及中國標準 GB ／ T20965。

使用雙絞線時傳輸速率 9600bps；使用電力線時 1200bps；而使用無線電時（KNX-RF 模式）是在 868MHz 頻帶運作，允許最大 25 毫瓦，傳輸速率 16384kbps。

KNX 的設備分為感測器、促動器（如電加熱閥、顯示器）和系統設備與元件（如線路耦合器[41]、骨幹耦合器）：感測器收集訊息後，促動器將這些訊息透過應用程式轉化成對應行動，例如控制窗簾或燈光調暗。

KNX 允許樹狀、線型、星狀的網路結構。因為採用 16 位元定址，所以最多允許 65536 個設備，但因不同的介質會有不同的最多數量。如使用電力線而沒有保留耦合器的位址時，就最多可用 61455 個設備。

---

[39] OSI 7 層架構：西元 1983 年 ISO（國際標準組織）發佈了 ISO/IEC7498 標準，定義了網路互聯的 7 層框架。由第一層到第七層為實體層、資料鏈結層、網路層、傳輸層、會議層、表現層及應用層。

[40] 乙太網路：我們一般電腦用的實體網路線的網路。

[41] 耦合器：RF 電路元件，可將不同頻率訊號整合至同路同軸電纜中。

　　2012 年 3 月 1 日臺灣 KNX 協會在台灣建築中心成立。現在台中寶輝一品與中國信託的新總部大都用到 KNX 系統。

10. C-Bus

　　C-Bus 是針對家庭與樓宇自動化的以 OSI 的 7 層網路通訊架構，但是用在高達 1000 米長度的 Cat-5 纜線[42] 的通訊協定。用在澳洲、紐西蘭、亞洲、中東、俄羅斯、南非、美國及包含希臘跟羅馬尼亞的歐洲其他地區。

　　C-Bus 包含輸出單元、輸入單元及系統單元三個部分。透過 C-Bus 網路橋接器，很容易擴充相關設備。C-Bus 的一個系統的最大設備數是 255。同時以串聯方式連接到本地網路可最多連接 6 個網路橋接器。每個設備以 18mA 15-36 V 直流操作，不過部分設備需要高達 40mA。C-Bus 支援像 RS-232 跟 TCP ／ IP 等的接口，讓第三方公司可以直接使用。C-Bus 的每個輸出入設備都自帶微處理器，所以都可以按需求來編好程式來適應任何場合，所以適用於任何系統控制與能量管理。例如智慧家居的照明系統，可以用程式讓它早上自動調暗，到了傍晚時，緩慢調亮。而 C-Bus 元件上的程式設計是在個人電腦上寫好編譯好再傳到對應的元件上。

　　C-Bus 系統在中國大陸很盛行，在台灣目前台中的巨宇電機以施奈德的產品提供相關的客製化服務。

---

[42] Cat-5 纜線是一種雙絞線，設計為可提供高速度低雜訊比的訊號傳輸線。

11. AllJoyn

AllJoyn 是高通（Qualcomm）的開源軟體協定，他提供了一個軟體架構及系統服務的核心級使所連接的跨廠商的產品和應用軟體的相互操作以建立動態近端網路。

AllJoyn 是讓 AllSeen 陣營的智慧家居產品間可以有共通的通信協定。該系統使用客戶端 - 伺服器模式來組織本身。該架構目前架構在藍芽與 Wi-Fi 協定之上。

12. HomeKit 的 HAP

HomeKit 是屬 Apple 在 iOS8 以上的作業系統的設備以這個協定可發現、通信及控制智慧家居產品，也可以透過蘋果的 Siri 做語音控制。這些智慧家居的產品必須通過蘋果的 Mfi 認證程序而且需要增加一個加密協同處理器。 HAP (HomeKit Accessory Protocol) 就是 HomeKit 用在這個部分的協定。

因為蘋果的產品很受上流社會歡迎，讓很多廠商想加入 HomeKit，但是蘋果的驗證程序很繁複，現在加入的廠商不多，至 2017 年 9 月止，在蘋果官網上登錄的產品仍然不多。

13. RFID 及 NFC

無線射頻辨識（Radio Frequency Identification，縮寫 RFID）是一種無線通訊技術，可以透過無線電訊號辨識特定目標並讀寫相關數據，而無需識別系統與特定目標之間建立機械或光學接觸。

無線射頻辨識的運作需要有標籤附著在要辨識的物體上、然後以閱讀器這個雙向電波收發器向標籤發出訊號、並解答標籤。

標籤的類別有主動式、半被動式及被動式三種。主動標籤內置電池，週期性發現識別訊號。半被動式內有小電池輔助，旨在閱讀器在附近才會觸發，被動式標籤沒有電池，利用閱讀器傳出的電波能量來供給電力。標籤可以讀寫式及唯讀式的：唯讀式標籤是廠商訂出一個序列號，作為登錄其內部資料庫的密碼。讀寫式標籤，就可以把想寫入的數據寫進標籤。另外有單次寫入多次讀取，是將產品的電子碼寫進空白標籤中。

在運作頻率上，RFID 有多種頻帶，根據這些頻帶有不同的用途。

1. 120kHz-150kHz 為被動式的標籤。讀取範圍 10 公分，通常為工廠內使用及動物識別用。

2. 13.56MHz 為被動式的標籤，讀取範圍 1 公尺，通常是用在悠遊卡這類的小卡片上。

3. 433MHz 為主動式的標籤，讀取範圍 1~100 公尺，國防專用。

4. 北美 902~928MHz，歐洲 868~870MHz 為被動式標籤，讀取範圍 1~2 公尺，商品編碼與各種標準用。

5. 2450~5800MHz 為主動式標籤，讀取範圍 1~2 公尺，為 Wi-Fi 與藍芽用。

6. 3.1~10GHz 為半主動或主動標籤，讀取範圍最高至 200 公尺。

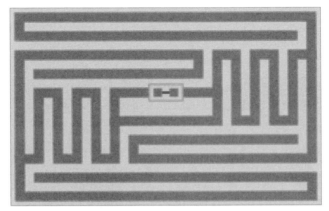

圖 B.2：沃爾瑪（**Wallmart**）正在使用的 **RFID**

來源：Wikipedia CC 授權　作者：Sakurambo~commonswiki

　　近場通訊（Near Field Communication，縮寫為 NFC），是一種短距離的高頻無線通訊技術。允許電子裝置之間做非接觸式點對點資料傳輸，在 10 公分內交換資料。這個技術是由無線射頻識別演變而來，在 13.56MHz 的被動式標籤運作在 20 公分內。其傳輸速率有 106kbps、212kbps 或 424kbps 三種，有主動式與被動式兩種通訊模式。

　　NFC 現在最被看重的就是與支付功能的結合，中華電信的 Hami 智慧錢包跟 NFC 手機一卡通都是這方面的應用。而現在穿戴式裝置有附 NFC 功能的都是可以應用在支付方面。

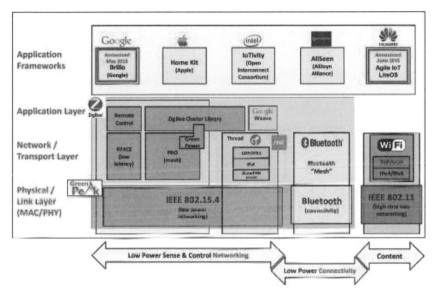

圖 B.3：智慧家居通信技術比較圖

取自網路 http://www.eetimes.com/author.asp?section_id=36&doc_id=1326911

C. 實體層

　　實體層是指最前端的感測器所在的實體。在穿戴式裝置及智慧健康可攜設備上，硬體有骨傳音、電池、智慧紡織品材料跟螢幕這四塊比較受關注或新穎的技術，以及智慧眼鏡頭盔／眼鏡的軟體技術比較特殊，所以我針對五項來做技術介紹。

1. 智慧紡織品材料

智慧紡織品的重點是在看起來平常的紡線上利用不同的材質來達成電極、電路通電與蓄能效果。

講到歐美智慧紡織品技術，就一定要提到智慧紡織品重量級技術五大廠[43]：Clothing+、Philips、Adidas、Interactive Wear 及 Wearable Technologies。

1. Clothing+：1998 年就發展出第一件心率感測的智慧衣，擅長紡織整合生理訊號感測器。它的代表性產品有幫 Under Amour 代工的 Under Amour39 胸帶：具備心率感測、卡路里消耗、藍芽傳輸功能。現在被 Jabil 所併購。

2. Philips：Philips 也是在醫療器材上的著名大廠，很早就跟 Levis 合作，在 2000 年推出 ICD ＋服裝，擅長用 LED 技術嵌入衣服中，製造聲光效果。現在也在醫療用紡織品導入 OLED 技術。而台灣的 LED 紗的技術就是當初紡織綜合研究所的人去參觀完 Philips 發現他們有這樣的技術，回來才開始相關研發的。

3. Adidas：Adidas 為了強化自己穿戴式感應式紡織元件的技術，於 2008 年收購 Textronics 公司。代表性產品為 Adidas miCoach 男性短袖訓練運動衫。具備 Textro-Sensor 導電布電極感測器、Textro-Yams 彈性導電纖維、Textro-Polymers 可變電阻聚合物與 Textro-interconnects 薄片包線技術。

---

43 資料來源：「高齡照護服飾技術產品商品化之關鍵因素分析及推動策略建議」一書。

4. Interactive Wear：2005 年從德國電子大廠英飛凌（Infineon Technologies）公司分拆出來。具備原來英飛凌可穿戴裝置的所有產品、know-how 及專利，擅長電子整合至紡織品的解決方案，包含太陽能技術平台。英飛凌仍為其董事會成員。代表性產品為為 Zegna Sport 製作的圖標夾克。具備 iConneX 紡織電線、iComX 紡織接線、iThermX 加熱模組平台、iLightX 紡織整合燈光效果與 iPowerX 太陽能技術平台等技術。

5. Wearable Technologies（WTL）：這家公司在 2014 年拿到 Eleksen 公司的唯一技術授權。Eleksen 具備觸摸感應互動式紡織品的技術是當時領先全球的電子產品介面設計。代表產品：Visijax 通勤智慧夾克獲得 2015 年 CES 創新獎。具備 ElekTex 布料感測器、導電布、iMASS 一體化動作訊號及 ICEid.me 身份識別標籤系統技術。

台灣的紡織綜合研究所及工業技術研究院都有在這方面鑽研，目前都具備一些成就，紡織綜合研究所甚至還具備量產石墨烯的技術。

2. 骨傳音技術

自從 Google Glass Explorer 採用耳骨傳訊息，這技術也被矚目一陣子，成為 Google Glass 特色之一。

一般聲音傳導的方式，是透過空氣振動傳導至耳膜，再牽動耳蝸神經，產生聽覺效果（圖 C.1 左）；耳骨傳導的特色頭骨振動傳導致耳蝸神經，而產生聽覺效果（圖 C.1 右）。優點是不用塞耳機就可以聽取聲音，但是漏音的問題卻很易發生，除了使用者自己聽得到，旁人

也會聽到一些聲音。因為有些使用者並不希望自己的隱私被旁人聽到，所以一般智慧型頭戴裝置還是附上耳塞式耳機給配戴者使用。

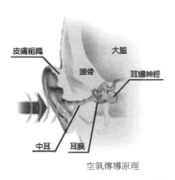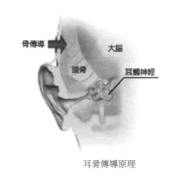

空氣傳導原理　　　　　　　　　　耳骨傳導原理

圖 C.1：空氣傳導聲音的說明圖（左）與耳骨傳導聲音的說明圖（右）。

取自網路 http://blog.macaw.cn/659.html

3. 電池

穿戴式裝置開發業者須兼顧電池續航力與設計彈性。目前可採用的電池分為：全固態電池、薄膜電池、有機可撓式電池和其他電池，其中又以全固態電池和薄膜電池擁有較多廠商投入以及具有較多專利。

1. 全固態電池

一般而言全固態電池是「全固態鋰離子電池」的簡稱，優點是高密度電量、體積小，安全性比液態鋰電池要高許多，不易發生爆炸，但也因此導電度較差；而令人更期待的部份，全固態電池優化處理後可以成為柔性電池。現今以英國商 Dyson 為例，2015年收購 Sakti3 固態電池企業後，積極研發固態電池技術，號稱可儲存超過每公升 1.1 千瓦／小時的電量，幾乎是傳統鋰電池的兩倍；目前主要用途於手機、智慧型手錶、RFID、植入式醫療裝置、電動汽車等。

2. 薄膜電池

橡樹嶺國家實驗室（Oakridge National Labs）、TDK 東電化，
皆是研發薄膜固態鋰電池技術之一的廠商。這款電池目前在全球
專利數量較多，好處有厚度極薄，且使用較少有害物質，也無燃
燒爆炸的問題。但目前放電效率差以及製程技術門檻較高，未來
預計將可應用在 RFID、醫學美容和消費型電子等領域。

3. 可撓式電池

2013 年 LG 發表「纜線式電池」（Cable Battery），可應用在可
彎曲手機或穿戴式裝置上頭；2014 年秋季 Samsung SDI 也曾經
發布可撓式電池，Gear Fit 手錶裝置中即採用了 SDI 可彎曲的電
池；台灣的輝能科技也發表類可繞式電池─「超薄軟板鋰陶瓷電
池」（FPC Lithium-Ceramic Battery，FLCB），以固態鋰陶瓷電
解質（Lithium-Ceramic electrolyte）取代傳統電池內的電解液
（第 1 種），結合軟性電路板基材，製造出可自由彎曲、不會漏
液、無可燃物質、在受到穿刺、撞擊、切割後仍能安全放電的軟
性電池。FLCB 軟板鋰陶瓷電池，除了能像紙一樣任意彎曲，還
可以射出成形，厚度最薄可達 0.38mm（輝能科技官網）。因為
FLCB 的特性，特別適合穿戴式裝置跟智慧健康衣的各式應用，
不過現在成本偏高是最大問題。

目前做到可以量產的廠商仍占市場少數，加上成本較高，因此用
於穿戴式裝置不多，但伴隨不規則形狀的穿戴式裝置陸續出爐，
以及可能的成本降低，未來應用依舊備受期待。

除了電池的型體需要能夠多彎折、輕薄之外，電池續航力不持久問題，一直是消費者不愛用穿戴式裝置的主要原因之一。多數解決方案都從電池省電開始，現今已有業者從處理器架構節電；或有半導體晶片商亦企圖從感測器上，設法節省穿戴產品用電。[44]

4. 螢幕

智慧型眼鏡和智慧型頭戴常用的顯示器在體積上有分大小型，較大型的單元有 HMD 或是小型化 OHMD；單元顯示器包括液晶顯示器（LCDs），液晶覆矽（LCoS）、OLED、數位光源處理（DLP）。

HMD（head-mounted display or helmet-mounted display）常以雙眼模組顯示光學圖像，頭盔形式的裝置常採用此類技術。HMD 具有一個或兩個小顯示器，並嵌入在頭盔透鏡和半透明反射鏡之間。OHMD（an optical head-mounted display）泛指影像光學反射器，常見於單邊形式的顯示裝置上，體積和解析度相較 HMD 小。

1. 液晶顯示器（LCDs）

液晶顯示器（圖 C.2）常見於電子錶及口袋型計算機的以少量片段構成之液晶顯示器。

液晶顯示器可透射顯示，也可反射顯示，決定於它的光源放哪裡。（一）透射型液晶顯示器由一個螢幕背後的光源照亮，而觀看則在螢幕另一邊（前面）；這種類型的 LCD 多用在需高亮度顯示的應用中，例如電腦顯示器、PDA 和手機中。（二）反射型液

---

44 參考新電子 作者：李依頻，2016。

晶顯示器，常見於電子鐘錶和計算機中，由後面的散射的反射面將外部的光反射回來照亮螢幕；因為小型的反射型液晶顯示器功耗非常低，以至於光電池就足以給它供電，因此常用於袖珍型計算機。

圖 C.2：液晶顯示器（**LCDs**）顯示裝置概念圖

取自網路 https://fourfrontreviews.net/2015/04/10/emerging-display-technology-will-anything-be-real/

2. 液晶覆矽（LCoS）

液晶覆矽（Liquid Crystal On Silicon），又稱矽基液晶或單晶矽反射式液晶；是反射式液晶投影機與背投影電視的關鍵技術之一，這類應用是利用光的強度，另外一類應用是使用光的相位，主要是如空間光相調製器這類的應用，有幾大類研究與應用的範圍如光通訊裡的波長選擇交換器（WSS）、全像投影顯示、全像式資料儲存、生醫與醫工方面的應用、工業用與精密儀器類應用。

液晶覆矽（LCoS）近年積極進化成適合智慧眼鏡微顯示器（Microdisplay），基礎上是一種 CMOS 晶片，採用 CMOS backplane 半導體製程技術，其最大特色在於基底所使用的材質為單晶矽，故具有良好的電子移動率。此外，LCoS 不僅具有高解析、高品質及低成本的優勢，更繼承了 LCD 技術的優點，並克服 LCD 的不足之處，因此 LCoS 擁有諸多 LCD 所不具備的優點。採用此技術的產品有 Google Glass（圖 C.3）。

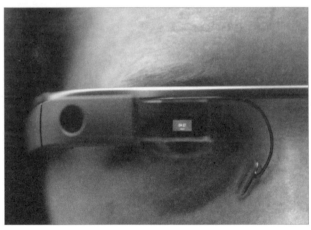

圖 C.3：**Google Glass LCoS** 顯示器特寫圖

取自網路 http://www.zdnet.com/article/the-one-big-factor-google-glass-is-missing/

3. OLED 顯示器（Organic Light Emitting Diode）

OLED 與 LCD 技術特性進行對比，OLED 顯得沒有所謂視角限制，加上反應時間極快，加上 OLED 不需背光源，為自發光的材質特性，整機成品設計可以自成一格，完全不需背光模組搭配才能完成顯示機制（圖 C.4）。

OLED 在多項均優於 LCD 的材質特性，吸引美、日大廠投入資源進行技術開發，OLED 從早期實驗室才能小量生產，現在已經具備量產實力，小尺寸的手機、行動裝置已有相關應用案例。（參考資料 Digitimes，2009 ／ 06 ／ 11。）

OLED 的發光原理近似 LED，為利用材料特性，由於電子在電洞發光材質層間傳輸時，多餘能量藉由光的方式釋放，也就成為我們所看到的色光。OLED 具備自發光、廣視角及高反應速度…等優點（圖 C.5）。此外 OLED 材料製成的螢幕設備，操作溫度範圍可以擴大至 -40 度～ +85℃之間，使用環境條件限制較小。

另一方面，OLED 的顯示器製程即相對精簡，製品的設計已大幅簡化，至於 LCD 必備的彩色濾光片（Color Filter；CF），OLED 則不需要這種材料，甚至於 TFT LCD 面板必經的灌液晶（liquid crystal）階段製程，OLED 因為採塗布方式製作，工法相對單純，未來量產成本將極具優勢。[45]

圖 C.4：**Sony HMZ-T1** 智慧頭盔（**2011** 發表）採用 **OLED** 顯示器。

取自網路 http://chinese.engadget.com/2011/11/28/sonys-head-mounted-3d-visor-is-real-hmz-t1-taiwan-hands-on/

---

45 參考 Digitimes，2009 ／ 06 ／ 11。

圖 C.5：**Sony OLED Glasses**（2014 發表）與其裝置所投影的
資訊畫面與現實情境和一。

取自網路 http://www.damngeeky.com/ 2014/12/19/28158/sonys-
single-lens-display-module-morphs-ordinary-glasses-into-hud.html.

4. 數位光源處理（DLP）

數位光源處理技術（Digital Light Processing；DLP）是真正的
數位投影和顯示技術，它能接受數位視訊，然後產生一系列的數
位光脈衝；這些光脈衝進入眼睛後，我們的眼睛會把它解譯成為
彩色類比影像。DLP 技術是以一種微機電（MEMS）元件為基
礎，稱為數位微型反射鏡元件（Digital Micromirror Device；
DMD），這種速度極快的反射性數位光開關是由德儀（TI）在
1987 年發明。

DMD 微晶片上面包含數量龐大的超小型數位光開關，它們是面
積非常小（14 微米）、外觀為四方型、並由鋁金屬製程的絞接式
反射鏡，可以接受電子訊號代表的資料字元，然後產生光學字元
輸出。DMD 周圍環繞著許多必要功能，例如影像處理、記憶
體、格式轉換、時序控制、光源和投影光學系統，它們可以接受
數位影像，然後在不降低畫質的情形下，把這些影像投影到投影

幕。相較於 LCoS，DLP 畫面反應速度更快及具備更低耗電量，因此可呈現更真實的影像，更適用於高階家用或行動遊戲機和家庭影音娛樂裝置。[46]

目前採用此技術的產品有 Avegant Glyph 智慧眼鏡裝置，此裝置以大約 4 寸的智慧手機的大小，用 DLP 技術將圖像投射到視網膜上，其分辨率為 1280 x 800 解析度；試想，當它投射在 900 平方毫米左右的視網膜上時，這個分辨率就並不是很高，人眼需要逐漸適應，才能讓眼前的影像變得清晰。

圖 C.6：**Avegant Glyph** 智慧眼鏡採用 **DLP** 光學技術。

取自網路 http://big5.southcn.com/gate/big5/it.southcn.com/9/2014-01/07/content_89402630.htm

而智慧手錶的顯示螢幕為了達成彎曲螢幕顯示的能力，有薄膜電晶體液晶顯示器（Thin film transistor liquid crystal display，TFT-LCD，透射型液晶顯示器的一種）、主動矩陣有機發光二極體（Active-matrix organic light-emitting diode，AMOLED，OLED 顯示器的一種）和電子紙螢幕（e Ink）三種，TFT-LCD 的廠商很多，但是不能彎曲又耗電，其實對穿戴式裝置並不太適合。AMOLED 為全彩色螢

---

46 參考資料新電子，林苑卿。

幕，有自發光性、廣視角、高對比反應速度快。E Ink 螢幕則目前為單色或 64 色，但無主動發光，較 AMOLED 省電。

如果是不這麼在乎螢幕顯示色彩的智慧手錶，以 e-Ink 螢幕搭配超薄形鋰陶瓷電池有較好待機的表現（如 Pebble 及華碩 Vivowatch）。

AMOLED 的製造商有友達光電及三星電子。E Ink 的製造商為元太科技。

5. 智慧型頭部裝置常見軟體技術

頭戴裝置常見的軟體技術與應用簡介

智慧型頭部裝置有幾個使用趨勢，分別是：即時生活資訊、電影視聽、電玩遊戲、專業工具、專業訓練…等，在背後支撐這些活動的軟體有三大主流（圖表 C1）：擴充實境（Augmented Reality，簡稱 AR）、混合實境（Mixed Reality，簡稱 MR）、虛擬實境（Virtual Reality，簡稱 VR）。

AR 在生活實境中，可即時性地顯示文字或圖像，因此裝置具有透視性，才方便將訊息結在目標物上，所以非入浸式的台代裝置較為適合提供此類型的服務；而 MR 類似 AR 的效果，但又比 AR 再進階一些，可在實境中操作較複雜的程序、創造立體世界的特色，提供較高解析度的 3D 畫面，此外，MR 可同時統整多樣訊息、投影不同程式介面。而影音類、強調視覺效果或電玩方面，則是由雙眼顯示器的裝置居多，目前多以 VR 裝置來滿足需求在以下內文，分別簡介三種軟體的差別性和應用。

透過頭戴設備而顯示的三大趨勢影像技術			
技術名稱	頭戴裝置示意圖	影像投射效果示意圖	簡介
AR 擴充實境 (Augmented Reality)	Google Glass (非浸入式單眼顯示智慧型眼鏡)		最常在實境中，透過GPS定位顯示即時平面訊息，或是掃QR Code後，在實境中播放一段短篇3D動畫，特色是虛擬物體疊加（superimpose over）；初期以平板產品介面為發展舞台，2013年因Google Glass產品風潮，增加在智慧眼鏡上顯示的比例，近年又以手機介面為主。
MR 混合實境 (Mixed Reality)	Holo Lens (非浸入式雙眼顯示頭盔)		為了將動態3D與實境結合到天衣無縫的效果，常設定在雙眼頭設備上。最常見的投影技術是全息波導技術，其為軍用研發技術的成果，初用於飛行頭盔上，其特色必須遮蔽外在過多的光線，投影在眼前顯示著上的影像才會清晰。類似AR效果，但操作比AR更複雜的程式。
VR 虛擬實境 (Virtual Reality)	Oculus Rfit (浸入式顯示頭盔)		視覺封閉空間內提供虛擬影像，目的是做到如臨實境的視效。因此除了精密的CG影像，螢幕顯示解析度和每秒顯示張數(Hz或FPS)、裝置視野(FOV)…等，都必須逼近人眼的基本接收率；而軟體反時變運算也必須非常專業，影像透過裝置內的透鏡後，投射出逼真的視覺效果。

圖表 C1：簡介頭戴設備顯示的三大趨勢影像技術。

取自本書作者陳冠玲整理。

（一）AR 擴充實境：

AR 是 Augmented Reality 的簡稱，目標是將擴增資料疊加（superimpose over）到真實世界，呈現數位虛擬與現實交疊的畫面；最常看見的是在實境中增加文字資訊或是 2D、3D 影像，而這些資料會緊跟在有標記的圖碼附近。AR 技術注重計算目標位置和角度關係之間的運算，需要切確的實境座標、敏銳的偵測硬體，並透過 Vuforia、ARToolKit、Aurasma…等擴增實境 SDK（軟體開發工具包）設計，實現 AR 運算效果。

　　AR 初期進入消費市場時，以智慧型平板產品為主要舞台，許多人用智慧型手機下載 APP 軟體程式體驗 AR 服務，比較常見的 AR 運用是地理位置相關訊息，用來引導使用者找路或旅遊等；還有餐飲業的美食評分，協助使用者尋找適合的商家；這些互動都是與地理區域資訊有關的應用（圖 C.7）。

圖 C.7 左：**AR** 軟體在智慧眼鏡顯示器上提供半透明的地理位置相關訊息。

取自網路 http://www.visionair.nl/ideeen/wereld/2025-acht-ontwikkelingen-die-de-toekomst-zullen-bepalen/

圖 C.7 右：**AR** 軟體在手機上提供商品的相關訊息。

取自網路 http://technews.tw/2016/11/02/apple-ar-technology/

　　也有一些企業利用 AR APP 創造一些商機，比如說將 QR code 印在紙上（圖 C.8 左），只要消費者開起 AR 模式中的相機功能，將平板裝置的相機頭對照到 QR code 上，就會看到 3D 圖像或動畫廣告，非常具有趣味性；或是將新發表的車款以 3D 模式導入到 AR 程式中（圖 C.8 右），使用者可以透過設計好的宣傳單，用類似的方法看到 3D 模擬車款，讓廣告形式多種新奇效果和話題。

圖 C.8 左：用 AR 軟體程式讀取
Heineken 3D 圖像。
取自網路 https://www.youtube.
com/watch?v=hZNdzC34Kts

圖 C.8 右：用 AR 軟體程式讀取汽車 3D 圖像。
取自網路 http://glzmodo.com/5112176/new-
magazine-ad-displays-3d-car-in-augmented-
reality

　　IKEA 在 2012 年時期，已經陸續將家具型錄推到 AR 系統中，目的
在於幫助消費者選擇適合他們家庭的家具和配件。IKEA 型錄採用
Metaio 圖像識別軟體運算，使用前先將 IKEA 型錄本放在預定的位置
上（圖 C.9 左），透過 iOS 系列的手機或平版鏡像頭掃測一下，3D 家
具影像就疊加在指定的區域，便可以讓人清楚地知道沙發、桌子或燈
放置在家中時的景象，讓消費者做出更明智的購買決定。（註備：
2017 年 IKEA 發表免費的 IKEA Place AR APP。）

　　偵測空間與運算距離的 AR 技術日趨成熟，2017 年 Laan Labs 創
意團隊發佈了數位虛擬捲尺「AR Measure」APP 程式（圖 C.9 右），
立即受到大眾的矚目。原理是透過手機本身座標定位感測硬體，加上
AR 程式追蹤目標物、換算距離比例，使用時只需要將鏡頭對著目標
物偵測、移動手機位置，手機鏡頭的畫面立即疊加上運算結果，方便
測量出目標物體的長度、高度，雖然不一定精確到百分之百，但是對
於一般基本工程測量、採買家具有很大的方便性。

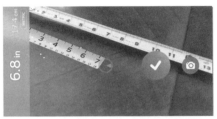

圖 C.9 左：**IKEA AR APP** 程式使用家具型錄情境。

取自網路 https://www.kocpc.com.tw/archives/152564l

圖 C.9 右：「**AR Measure**」**AR APP** 程式。

取自網路 https://www.kocpc.com.tw/archives/152564l

　　ModiFace AR 虛擬化妝效果，將化妝品效果虛擬在消費者臉上（圖 C.10 左），透過幾張自拍照片，點選不同化妝品色調，立即在指定的五官位置上添加顏色，讓消費者輕鬆試妝。巴黎 Nike 旗艦店運用 SmartPixel 程式（圖 C.10 右），讓消費者在現場自行客製花樣、體驗 DIY 的樂趣。

圖 C.10 左：**ModiFace** 試用化妝品 **AR APP**。

取自網路 https://9to5mac.com/2017/08/22/arkit-demo-lipstick-makeup/

圖 C.10 右：**Nike AR** 客制鞋裝置。

取自網路 https://read01.com/2BNd2K.html#.WcHS2LljGUl

2016 年轟動世界的寶可夢（Pokémon Go），也是 AR 應用於手機相當經典的案例之一（圖 C.11）；其遊戲的前身，是 Niantic 軟體開發公司，在 2011 年推出的「Ingress」實境遊戲延伸而來，這套軟體遊戲累積相當多地理位置資料，加上寶可夢的組件多樣化，讓全球陷入一陣瘋狂之中。

圖 C.11：寶可夢（**Pokémon Go**）遊戲。

取自網路 https://www.leiphone.com/news/201612/
uNBLRcZiG1rDgEuk.html

（二）MR 混合實境：

MR 是 Mixed Reality 的簡稱，效果和目的很類似 AR，注重空間感和定位關係式，同樣可以偵測實境、執行平面或立體圖像訊息，但是 MR 可執行更複雜的程序，終極目標類似一台主機的操控界面圖 C.12），做為發號命令的中心樞紐，可同時操作多項功能；甚至 MR 想呈現一種「超現實」感受，物理現實與虛擬現實無差異交合，因此 MR 訴求播放高畫質的立體圖像或影片；MR 比 AR 更強調互動性，如同在虛擬世界一般，可以自在地在實境中創造立體物件。因此，一般認知會覺得 MR 是 AR 進階版的技術。

圖 C.12：**Microsoft HoloLens** 執行 **MR** 畫面。

取自網路 http://www.roadtovr.com/leaked-hololens-actiongram-
videos-show-what-interacting-windows-in-ar-looks-like/

　　MR 初期的研發目的，是為了空軍執行任務使用（圖 C.13），採用
「全息波導技術」置入於頭盔中；「全息」是強調投影環境必須保持
一定的暗度，「導波」是指傳送光波、顯示影像的媒介原理，所以
MR 裝置多以頭盔形態為主，頭盔外型的視線區會有一層鍍膜，遮蔽
外在過多的強光，滿足全息環境的條件，而左右眼前也一定有較大的
鏡片可投影，做為光導波的媒介。因此，MR 頭盔初始稱之為「頭盔
顯示器」（Head Mounted Display，簡稱 HMD），常見的稱謂也有
「抬頭顯示器」（Head Up Display，HUD）、或是「平視顯示器」。

圖 C.13：**Elbit** 系統的飛行頭盔。

取自網路 http://elbitsystems.com/pr-new/elbit-systems-skylens-wearable-hud-
begins-flying-final-configuration-onboard-atr-7242-aircraft/

近年 MR 產品導入至一般消費市場，以 Microsoft HoloLens 的 MR 為例，也採用「全息導波技術」投影方式，執行類似桌幾電腦功能，稱這類 MR 市場定位為「智慧型頭盔」。為了讓 MR 普及、發展生態圈，目前 Microsoft 有提供一些製做 MR 的方案，可透過 Microsoft Visual Studio（完整開發工具套件）、HoloLens Emulator（仿真器）、Unity（遊戲引擎）、Holograms 101E tutorial（全息 101E 教程） 等程式，來製做 MR 元件資源和執行化元件；程式畫面架構以 3D 參數為主，因此製作 MR 時需要較好的繪圖硬體設備。

前文介紹過 Microsoft HoloLens 用於多種類似桌機功能的操作，而 Microsoft 還希望能用 HoloLens，推廣一些需要立體圖像的教育或是科學發展（圖 C.14），比如凱斯西儲大學（Case Western Reserve University）醫學院，用 HoloLens 來理解人體構造的層次（圖 C.14）。

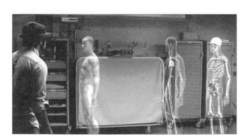 

圖 C.14：**MR 技術用來做醫學教育講解。**

取自網路 http://chinese.engadget.com/2015/07/08/
microsoft-hololens-medical-student-demo/

談及 MR 技術，Magic Leap 也是話題性的公司之一，2014 年 Magic Leap 在 Stanford 招收人才時，宣示了「The World is Your New Desktop」最為號召標語，可讀出 Magic Leap 對 MR 的企圖心為

何。從 Magic Leap 申請的專利推測，其操作 MR 的原理，可能是採用光纖向視網膜投射的方式（Fiber Optic Projector），進而產生逼近現實或是電影特效的圖像。並且 Magic Leap 技術號稱可以讓人眼主動選擇聚焦點，調整焦距時可顯示出不同的角度與深度，減少眼睛暈眩、增強動態的臨場感，Magic Leap 稱之為「3D Light Sculpture」（3D 光學雕像）效果。Magic Leap 從 2015 發表技術效果至今（圖 C.15），仍一路保持神秘，無明確說明 Magic Leap 的 MR 設備為何種形式，但是卻獲得阿里巴巴、Google、華納兄弟、高通等知名企業融資，目前累積總金額將近 60 億美金。

圖 C.15：**Magic Leap** 提供的示範影像。

取自網路 https://www.magicleap.com/#/home

影音界的也有 MR 應用，讓大家印象深刻的案例，是日本 3D 虛擬偶像—初音未來的演唱會（圖 C.16 左），初音未來的傳播平台一直是平面媒體，能夠跳脫這樣的傳統框架，歸功於「全息投影技術」。這項技術別於前文介紹的頭戴設備，它是透過大型的投影裝置器材，在暗度足夠的條件下，讓初音未來能走入人群之中，在大家面前載歌載舞。

圖 C.16 左：全息投影應用在 3D 多媒體上：初音未來現場演唱會。

取自網路 http://hatsunemiku.blog107.fc2.com/blog-entry 1728.html?sp

圖 C.16 右：全息投影應用在 3D 多媒體上：2014 年「美國告示牌音樂獎」重現 Michael Jackson。

取自網路 hhttp://www.hollywood-hdtv.com/h-club/detail.php?article=36

（三）VR 虛擬實境：

　　將 AR 擴充實境和 VR（Virtual Reality）虛擬實境比較，兩者最大的差別在於：AR 只想在實境上擴增資訊，VR 則是企圖取代真實世界（科學人雜誌，2002）。虛擬實境（VR），也稱「靈境技術」或「人工環境」，是利用電腦模擬產生一個 3D 空間的虛擬世界，營造視覺、聽覺、觸覺等感官的模擬，「身歷其境」是 VR 最終目標，使用者可以及時、沒限制地觀察 3D 空間內的事物，每當使用者改變行動、位置產生移動時，電子感測可以收集並反應這些人體行為相關運算，將虛擬的 3D 世界影像傳回現實裝置，產生臨場感，目前 VR 是以視覺體驗為主軸，再加上其他的感覺刺激，像是聲音效果、震動裝置。

　　早期的立體顯影方式，原理是人眼透過兩眼視差（binocular parallax）（圖 C.17 左），模擬出左右眼的視差畫面、營造顏色深淺效

果（圖 C.17 右），經過人腦將這兩個影像做融合（convergence），而產生出立體（binocular cues）的感覺，所以人眼的視覺可以感覺出深度（depth perception），而有了深度的資訊後，才能得知立體空間中的相對位置。

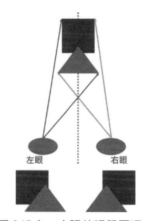

圖 C.17 左：人眼的視覺原理。

取自網路 https://kheresy.wordpress.com/2009/11/27/%E7%AB%8B%E9%AB%94%E9%A1%AF%E7%A4%BA%E6%8A%80%E8%A1%93%E7%B0%A1%E4%BB%8B%E4%B8%80%E3%80%81%E5%8E%9F%E7%90%86%E3%80%81%E6%8A%80%E8%A1%93%E5%88%86%E9%A1%9E/

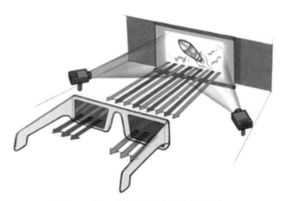

圖 C.17 右：立體影像的基礎原理

取自網路 http://waknow.com/archives/5065

現在的虛擬畫面多是透過左右兩個顯示框，並且經過反畸變運算、調整畫面後（圖 C.18），畫面效果更為逼真。

圖 C.18：目前 **VR** 裝置在眼前所呈現虛擬效果

取自網路 http://ahuiliao.pixnet.net/blog/post/30904882-%E5%BE%88%E9%85%B7
%E7%9A%84%E9%9B%BB%E5%BD%B1%E7%89%B9%E5%88%A5
%E7%89%88-google-cardboard-（insidious-3-%E5%AC%B0

VR 遊戲最令人期待的部份，是以第一人稱的視角參與遊戲（圖 C.19），感受種種特效與互動回饋。

圖 C.19 左：**DRIVECLUB ™ VR** 遊戲。

取自網路 https://store.playstation.com/#!/
zh-hant-tw/%e9%81%8a%e6%88%b2/
driveclub-vr/cid=HP9000-CUSA04796_
00-XXXXXDRIVECLUBVR

圖 C.19 右：**RIGS VR** 遊戲。

取自網路 https://www.youtube.com/
watch?v=aujdu8LBOaM

　　Discovery 頻道為了讓觀眾可以更親身體驗大自然的環境，推出 360° 攝影器材所拍攝的 360° 全實景 VR 作品（圖 C.20），而 YouTube 平台也推出支持 360° 全實景的影片格式（圖 C.21），以及立體 VR 模式，可以感受現場演唱會或音樂專輯。

圖 C.20：**Discovery VR** 頻道所拍攝的 **360° view** 與立體 **VR** 作品。

取自網路 http://www.discoveryvr.com/watch/discovery-vr-an-introduction

圖 C.21 左：**YouTuBe VR** 頻道中的 **A 360° view of Stonehenge** 作品。

取自網路 https://www.youtube.com/watch?v=_RyqU1r1Fmk

圖 C.21 右：**YouTuBe VR** 頻道中的 **3D Demo Compilation VR** 作品。

取自網路 https://www.youtube.com/watch?v=M-L-sMV5U5U

　　VR 除了電競類的發展，還可以用來訓練操作設備或執行任務，比如 UPS 改用 VR 教導新人如何巡視路線、避免行車危險的問題；Wal-Mart Stores 用 VR 模擬公司銷售大活動，告訴員工該如何對應特殊情況（圖 C.22 左）。

　　針對專業的工業繪圖領域，HP 發起「Mars Home Planet」計畫
（圖 C.22 右），與 Autodesk、Epic Games、Fusion、HTC、Launch
Forth、Technicolor…等多家廠商合作，目的用 HP Z VR Backpack
協助繪圖檔案一比一呈現，省去製作長時間、高花費的模型，方便溝
通和理解成品的問題。

圖 C.22 左：**Strivr** 設計 **VR** 引導程序
協助 **Wal-Mart Stores** 訓練員工。

取自網路 http://chinese.engadget.
com/2017/08/01/hp-vr-backpack-for-
pros/

圖 C.22 右：**HP Z VR Backpack** 用來專業
創作或是虛擬訓練等任務。

取自網路 http://chinese.engadget.
com/2017/08/01/hp-vr-backpack-for-pros/

　　VR 虛擬醫療可以提供給偏鄉的醫護人員，做為緊急燒燙燒處理訓
練（圖 C.23 左）；NASA 使用 VR 訓練太空人執行任務（圖 C.23
右），虛擬基礎情況或不同的意外場景，考驗太空人的反應能力與引
導他們階段性成長。

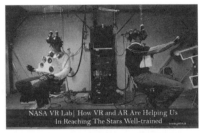

圖 C.23 左：**360immersive VR** 虛擬醫療
訓練。

取自網路 https://360immersive.com/2016/
11/24/360i-post-pediatric-trauma/

圖 C.23 右：**NASA** 使用 **VR** 裝置訓練
太空人操作任務。

取自網路 http://getvr.in/nasa-vr-lab-
how-vr-and-ar-are-helping-us-
reaching-the-stars-well-trained/

　　除了以上頭盔式的 VR 互動，其實 VR 也可以逆向執行，透過多鏡
頭偵測深度和光影變化，軟體將實體或空間轉化成擬物檔案（圖
C.24），可以免去測量和繪製的時間、人力，有效率地討論工程問題。

圖 C.24：**Canvas** 程式加上雙鏡頭配件，將實景轉化為 **3D** 虛擬實境。

取自網路 http://mashable.com/2016/11/10/structure-sensor-
3d-canvas-app/#4fsvbVubXEqN

（章節補充）

AR、MR、VR除了藉由頭戴裝置提供影像服務，也可以透過環境設備呈現效果，不限於個人使用或享受，觀眾不需要攜帶裝備，可以裸視畫面、達到多人共同體驗的效果，以下簡介幾項應用作為補充。

Pradera Concepcion Mall 購物中心，與 INDE 公司合作，在購物廣場旁架設 AR 相機、感測機，最後將民眾與 AR 互動影像合成，直接播放到購物中心的大屏幕裡（圖 C.25 左），讓大家體驗新奇的科技樂趣；迪士尼的 MR 魔法椅子，是將感測器安置在椅子下方，最後在螢幕中合成虛實畫面（圖 C.25 右），感測零件不直接顯露，如同施展魔法一般。

透過環境設備製造影像技術	
技術名稱	案例效果示意圖
A 境 R 的 R / 互 M 動 M 控 R 制 虛 擬 與 實	Pradera Concepcion Mall購物中心；INDE AR大屏幕系統。（與螢幕互動，螢幕合成效果） 迪士尼MR「Magic Bench」系統。（與椅子互動，螢幕合成效果）

圖 C.25 左：**Pradera Concepcion Mall** 購物中心上的大螢幕呈現 **AR** 互動。

取自網路 http://mashable.com/2016/11/10/structure-sensor-3d-canvas-app/#4fsvbVubXEqN

圖 C.25 右：迪士尼的魔法椅子。

取自網路 http://mashable.com/2016/11/10/structure-sensor-3d-canvas-app/#4fsvbVubXEqN

　　「多通道環幕投影系統」最大的特色是無縫延續的畫面，擬比頭戴裝置 360°VR 的效果。2010 年上海世博展，中國館所播放的「會動的清明上河圖」（圖 C.26 左），即採用了這項技術讓大家為之驚奇；卡里埃時光藝術館也採用此像技術（圖 C.26 右），用來播放不同藝術家的主題；這樣的靜態觀賞可以一次開放給所有人，而且畫面格局很寬敞。

透過環境設備製造影像技術	
技術名稱	案例效果示意圖
2 系 D 統 多 通 道 環 幕 投 影	「會動的清明上河圖」展覽。　　卡里埃時光藝術館提供身臨其境的藝術體驗；古斯塔夫·克林姆的藝術畫作。

圖 C.26 左：會動的清明上河圖。

取自網路 http://mashable.com/2016/11/10/structure-sensor-3d-canvas-app/#4fsvbVubXEqN

圖 C.26 右：卡里埃時光藝術館。

取自網路 http://mashable.com/2016/11/10/structure-sensor-3d-canvas-app/#4fsvbVubXEqN

　　日本虛擬偶像未來初音，可以說是 AR 界的元老人物，而她的演唱會採用 3D 全息投影技術（MR），讓她從平面世界跳出立體世界，可以多視角觀看她的演唱會（圖 C.27 左）；鄧麗君演唱會（圖 C.27 右）也是採用同樣的原理重現經典歌曲，但是卻不同於未來初音的誕生方式，鄧麗君 VR 是藉由參考鄧麗君的舊照片、動態影像，用 Virtual Human 虛擬人技術重塑 3D 檔案，再套用其他 Motion Capture（動態捕捉）等軟體，合成一整套 VR 影片。

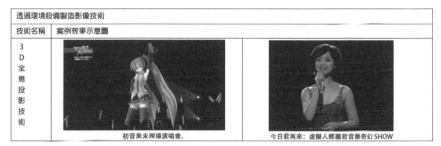

透過環境設備製造影像技術	
技術名稱	案例效果示意圖
3D全息投影技術	初音來未現場演唱會。／今日君再來：虛擬人鄧麗君音樂奇幻 SHOW

圖 C.27 左：初音來未演唱會。

取自網路 http://mashable.com/2016/11/10/structure-sensor-3d-canvas-app/#4fnvbVubXCqN

圖 C.27 右：鄧麗君 VR 演唱會。

取自網路 https://read01.com/EL53kP.html#.WcEUj7ljEkk

　　除了以上眾所皆知的三大趨勢，CR（Cinematic Reality）也是電影界後製的合成趨勢；製作程序需要先在人物上設定好偵測點，並依照劇本行動，透過定點動態補捉，將收集的參數加上電腦繪圖特效，最後與實境結合，完成整體特效。從 Avatar（阿凡達）電影的臉部特效範例（圖 C.28 左），可知 CR 精密度與自然感已達到很成熟的境界；而王牌巨猩電影並無猩猩作為基礎樣版（圖 C.28 右），而是請特技人員雙手拿長竿加長長度，將身形比例拉到類似猩猩後，再加以動態補捉、合成後製。

透過環境設備製造影像技術	
技術名稱	案例效果示意圖
3D攝虛技擬術結合現實拍	2009年Avatar電影。　2013年王牌巨猩電影。

圖 C.28 左：**Avatar** 電影後製。

取自網路 https://www.youtube.com/watch?v=1wK1Ixr-UmM

圖 C.28 右：**王牌巨猩電影後製。**

取自網路 http://in89tfai.pixnet.net/blog/post/39485173

D. 開發平台

　　對一家公司而言，選定好的研發平台很重要，因為接下來軟硬體的專注，都會以這個平台為主。所以平台選定，對任何一家公司都是件大事，容不容易開發，有沒有好的支援，都是必須考慮的，也因此，因為物聯網的商機很大，各大硬體平台公司競逐開發平台。

1. ARM 的 mbed

　　mbed 是安謀（ARM）的基於 32 位元的 Cortex-M[47] 的微處理器為物聯網設備設計的平台與作業系統。在軟體開發時，可以使用 mbed 平台的免費線上編輯器編寫代碼與在雲端以 ARM C ／ C++ 編譯器編譯。

---

[47] Cortex-M 是安謀公司的一系列 32 位元的 RISC 架構的處理器核心，ARM 賦予使用許可給其他廠商設計自己的處理器，像後面提到的 Cortex-M3 就是其中之一。

　　圖 D.1 是一個 mbed 平台硬體展示板，具備 Cortex M3 微處理器，具備乙太網路、USB、SPI[48]…等等功能。

圖 D.1：**mbed LPC1768NXP**

圖源：Wikipedia CC 授權

作者：Viswsr

2. 聯發科的 LinkIt

　　聯發科的 LinkIt 系列開發平台是聯發科針對穿戴式裝置與物聯網設備量身打造的原型機。基於聯發科 MT2502（Aster）系統晶片（SOC），此經篇支援 GSM、GPRS、藍芽 2.1 與 4.0、SD 卡、MP3 ／ AAC[49] 音頻、也可搭配聯發科的 Wi-Fi 與 GNSS 晶片。他提供 API 讓使用者可以上傳已有的 Arduino[50] 應用，LinkIt One 提供 HDK 及

---

48 SPI：序列周邊介面，一種短程通信的同步串型接口規範。

49 AAC：進階音訊編碼，出現於 1997 年的基於 MPEG2 的編碼技術。

50 Arduino 是最早的開源硬體，是現在自製者間最早也最常使用的工具。

SDK[51]。HDK 為與 Seeed Studio 合作的開發板。SDK 則提供開發者熟
悉的 Arduino 環境與簡單工具組供初學者使用。

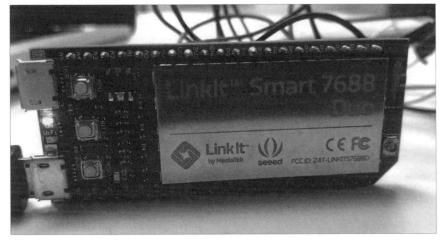

圖 D.2：聯發科的開發電路板

拍攝者：邱鴻鈞

3. Freescale 的 WaRP

飛思卡爾（Freescale）（圖 D.3）針對穿戴式裝置推出了這款開發
平台 WaRP（Wearable Reference Platform），它透過兩顆核心晶片
來達成平台功能，一顆為 i.MX6.SoloLite 處理器（Cortex-A9[52] 核
心）為平台主控，另一顆為 Kinetis MCU（Cortex-M0+ 核心）微感
測資料收集與無線充電管理。兩顆處理的速度較快，但功耗也較大。

---

51 HDK 是硬體開發套件，SDK 是軟體開發套件，分別用在硬體跟軟體開發階段使用的工
　具。
52 Cortex-A9 是安謀公司的另一系列 32 位元的 RISC 架構的高速處理器核心，處理器速
　度從 0.8GHz~2GHz。

圖 D.3：**Freescale WaRP**

取自網路 http://liliputing.com/2014/01/freescale-introduces-warp-wearable-
computing-reference-platform.html

4. Intel 的 Edison

英特爾（Intel）針對穿戴式裝置與物聯網應用開發了 Edison 開發
版（圖 D.4），內含 Intel Atom 為基礎的 500MHz 的微處理器，一個
收集與預先處理資料的 MCU，內建 1GB 記憶體與 4GB 儲存空間，整
合了 802.11n Wi-Fi、藍芽 4.0，具備 40 個 GPIO[53]。

---

53 GPIO：通用型輸入輸出的簡稱，這是指處理器的接腳由程式設計控制使用。

圖 D.4：**Intel Edison** 開發板

取自網路 http://www.anandtech.com/show/8511/idf-2014-intel-
edison-development-platform-now-shipping

5. Broadcom 的 WICED

博通（Broadcom）針對物聯網開發了 WICED（Wireless Internet
Connectivity for Embedded Devices ）平台。WICED 平台有兩種版
本，一種是藍芽智慧 WICED 套件：包含藍芽智慧連接及五個不同的
低功耗運動感測器；另一種是 Wi-Fi WICED 套件，是針對 Wi-Fi 的
模組（圖 D.5）。

圖 D.5：Broadcom WICED Wi-Fi

取自網路 http://itersnews.com/?p=59422

6. Raspberry Pi

　　樹莓派（Raspberry Pi）（圖 D.6）是一款基於 Linux[54] 系統的只有信用卡大小的小型電腦。由英國的樹莓派基金會所開發的。樹莓派配備一顆博通出產的 BCM2835 700MHz 微處理器，A 型有 256MB 記憶體而 B 型有 256MB 記憶體，使用 SD 卡儲存資料、有一個乙太網

---

54 LINUX：自由和開放原始碼的類 UNIX 系統。現在連 Android 手機的作業系統都是由此改出來的。

路、兩個 USB 介面以及 HDMI[55] 和 RCA[56] 輸出支援。因為電路板上有
13x2 的針腳，可以連接其他外部電子設備（如攝影鏡頭）以擴充。

　　樹莓派的使用者眾多，但並非專門針對物聯網裝置設計。

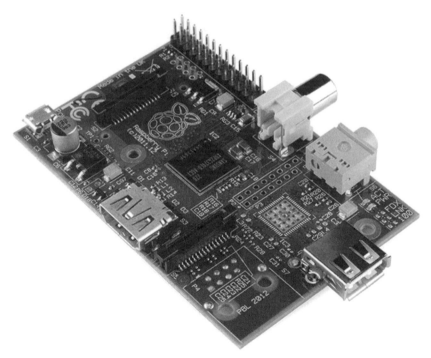

圖 D.6：樹莓派 A 型板

來源：Wikipedia CC 授權　作者：SparkFun Electronics

---

55 HDMI：高畫質多媒體介面，全數位化的影音傳輸。

56 RCA：這裡是指 RCA 端子，包含了類比視頻與音頻、數位音頻與色差端子三種端子接
　　頭。

E. 大數據

　　知名企管顧問公司麥肯錫在 2011 年發表言論：「大數據是下一個創新、競爭、及生產力的先鋒代表」開啟了大數據被重視的開端。接著中國大陸阿里巴巴集團的創始人馬雲說：「未來的能源是數據，不是石油。」

　　到底什麼是大數據呢？ Google 在 2003 年將他們的分散式系統 GFS 論文。2004 年發表了在大規模資料級平行運算演算法的 MapReduce 論文 Google2006 年又發表基於 GFS 的壓縮的、高效能的、可擴展資料儲存系統的 Big Table 論文。這三篇論文奠定了現代大數據的基礎。後來 Yahoo 資助 Apache 軟體基金會的 Hadoop 計畫，根據這三篇論文做出了 Hadoop 的大數據運算系統，後來 Apache 軟體基金會根據原來加州大學柏克萊分校 AMPLab 所開發而改良成另一個更快運算速度的 Spark 的大數據系統，而其他開發的大數據系統也是基於這三篇論文。大數據的資料有非結構化資料、半結構化資料與結構化資料，結構化資料就是指資料庫裡的資料，半結構化資料指的是想網頁及文字文件裡的資料，非結構化資料指的是影像、聲音、影片這類資料。

　　因為有了這些基礎，現在的資料採礦技術搭配人工智慧機器學習的理論，可以做到更好的建模方式，而又因為可以用大量機器同時處理，根據統計的原理，資料越大量越精確，雖然一樣是資料採礦，但是處理的資料經過適當的建模方式，在判斷異常及預測上，可以有好的表現。這也是大數據的魅力所在。

大數據執行的實體架構如下圖，有
Query、MapReduce、Storage 三個部
分，對應到 Google 的架構就是
BigTable、MapReduce、GFS，而對
應到 Hadoop 則的架構則是 Hbase、
Hadoop MapReduce、HDFS。

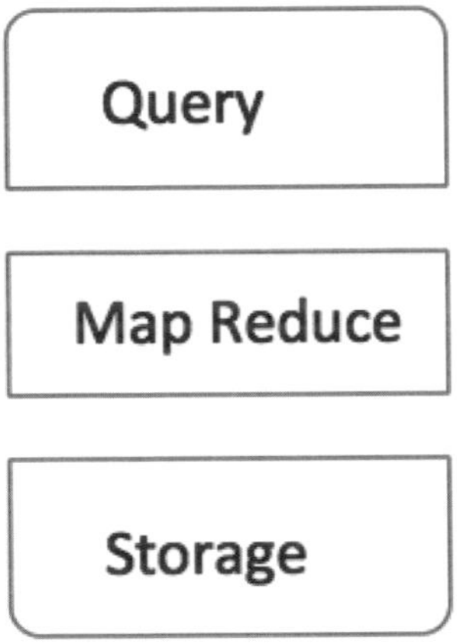

在物聯網時代，因為穿戴式裝置感
測器收集的大量數據，可以對應回描
述消費者的身體狀況與具體行為，甚
至有具體位置，這樣可以反而讓消費

圖 E.1：大數據執行的實體架構

製圖者：裴有恆

者的狀況無所遁形，好的方面是可以幫消費者偵查異常，找出行為模
式，壞的方面是隱私權都被記錄下來。而智慧家居的大數據有些更是
使用者在家中的影片，對小偷進入家中當然是全都錄，可是自己在家
中也是全都錄，完全沒有隱私了。雖然物聯網時代大數據很有價值，
但是如何達成在隱私權方面也獲得消費者同意是一個挑戰，也因為如
此，Google 智慧家居 Nest 主導的系統當初想推 Dropcam 進入家庭
遭到消費者很大的反彈。

F. 機器人與人工智慧

從小，多啦 A 夢卡通陪伴著我們長大。在星際大戰電影中，R2D2
及 C-3Po 跟著主人東征西戰的場景，一直令星際大戰迷印象深刻。最

近大英雄天團卡通裡的杯麵，其注意主人健康與保護主人最後寧願犧牲自己的情節令人感動，這些都是大家耳熟能詳的機器人。不過現在的科技，人工智慧還沒這麼強到可以做出這樣靈活的機器人。

因為老年化的趨勢，引起家用照顧用機器人的商機，然而家用機器人因為要與人互動，發揮設定的功能，本身除了有視覺（影像感測器）和一些感測器，還要有強大的人工智慧作輔助。

以新光六號機器人為例，它就要能夠辨識家中年長者，及年長者所吃的藥丸，而能在吃藥時間到時，提醒年長者吃藥。而日本軟體銀行的 Pepper 更是可以辨識客戶情緒，以作適當的對應。台灣華碩的 Zenbo 則是有辨識慢性病藥單及做相關處理的功能。

新一代的人工智慧，現在以機器學習及深度學習的方式，希望讓機器人能夠跟人一樣透過學習而慢慢學會新的技能，原來各家對其中關於演算法及類神經網路各層的演算結構與參數是非常保密的，但現在臉書（Facebook）、谷歌（Google）、微軟（Microsoft）…等大公司都開放了相關的程式碼，透過這些原始碼的開放，相信機器學習未來可以在全世界專家的努力下讓人工智慧更上層樓。作者就透過 Python 語言加上 Google 的 TensorFlow 開放原始碼平台，很快的能夠了解、學習與應用人工智慧，這讓學習人工智慧的門檻降到很低，尤其百度大腦之父吳恩達也在 Coursera 上開了相關課程，讓人人可以透過這樣的網路平台學習。

⌄ 參考資料

1. 「智慧型眼鏡形式之探討與設計」。作者：陳冠伶。國立台灣科技大學／工商業設計系碩士在職專班／碩士學位論文。

2. 「物聯網無限商機 - 產業概論 X 實務應用」。作者：裴有恆、林祐祺。碁鋒資訊。

3. 「物聯網應用發展趨勢與商機：智慧健康篇」。作者：張慈映、趙祖佑。財團法人工業技術研究院。

4. 「高齡照護服飾技術商品化之關鍵因素分析及推動策略建議」。財團法人紡織產業綜合研究所。

5. 「可穿戴設備 移動互聯網新浪潮」。作者：陳根。中國大陸／機械工業出版社。

6. 「互聯網＋醫療融合」。作者：陳根。中國大陸／機械工業出版社。

7. 「互聯網＋智能家居，傳統家居顛覆與重構」。作者：陳根。中國大陸／機械工業出版社。

8. 「工研院 IEK 眺望 2016 產業發展趨勢研討會—B2 物聯網關鍵應用與策略」講義。來源：工業技術研究院。

9. 「由 MEDICA 與 CES 展望 2016 智慧健康與醫療產業發展趨勢」研討會講義。來源：工業技術研究院。

10. 從 5G 發展趨勢看營運商在 LPWAN 領域布局。來源：DIGITIMES Research。

11. Wareable picks: Innovation of the year. 作者：Paul Lamkin。
出處：http://www.wareable.com/wearable-tech/wareable-picks-innovation-of-the-year-2015

12. [開箱] MIO Alpha 心率錶─讀懂我的心。作者：Antony Tsai(Captain)。
出處：http://tw.running.biji.co/index.php?q=news&act=info&id=6333

13. 慢跑─運動記錄功能升級─『Mio ALPHA2』腕式心率感測手錶。作者：Mobile01 新聞。
出處：http://www.mobile01.com/newsdetail.php?id=17058

14. 穿戴新科技（一）：兩大運動手環推薦 Moov 質量測試、MIO 心率運動環，健身運動時的最佳貼身祕書。作者：詹筱苹 GQ Taiwan。
   出處：http://www.gq.com.tw/gadget/3C/content-17553.html

15. 小天才电话手表成儿童智能穿戴界新宠儿。作者：黃梅宇。
   出處：http://roll.sohu.com/20150605/n414499078.shtml

16. 功能更勝 Google Glass! Recon Jet 運動智能眼鏡。
   出處：http://unwire.hk/2013/11/12/smart-glass-recon-jet/life-tech/bike/

17. 穿戴式裝置應用產業發展趨勢。
   出處：http://www.taiwanjobs.gov.tw/internet/index/docDetail_frame.aspx?uid=1590&pid=230&docid=28603

18. 未兌現的承諾—遲來的 Jawbone Up3 v Fitbit Charge HR。作者：Victoria Huang。
   出處：http://iguang.tw/u/4195295/article/177053.html

19. 皮帶、襪子、鞋子…更貼身的智慧衣著來了。作者：Frankie Chien。
   出處：http://makerpro.cc/2015/03/from-wearable-device-to-smart-textile/

20. 在 Apple Watch 威脅下，為什麼 Fitbit 依舊被資本市場高度肯定？作者：翁書婷。
   出處：http://www.bnext.com.tw/article/view/id/36566

21. ASUS VivoWatch 運動手錶，電池續航超長，可測 UV 等級 心率 | 硬是要學。作者：Werboy。
   出處：http://www.soft4fun.net/product-test-report/wearable-device/asus-vivowatch-review.htm#axzz3uefS7vtu

22. 穿上智慧衣，出門不用帶手機。作者：彭子珊 / 天下雜誌 580 期。
   出處：http://www.cw.com.tw/article/article.action?id=5070488#

23. 個人頭戴式 3D 影院—SONY HMZ-T1 完全評測。作者：ausir。
   出處：http://5pit.tw/tech/home/tid_6707

24. 從 ZenWatch/SmartWatch 帶你看懂 Android Wear 陣營的智慧手錶。作者：Hani。
出處：http://www.techbang.com/posts/22373-era-of-the-android-wear-smart-watches-vanguard-pchmoe-229-hardware-good-new-stuff 1/

25. 終極智慧手錶對決 (3) 結合電子紙技術—獨樹一格的 pebble watch。作者：廖阿輝。
出處：http://ahuiliao.pixnet.net/blog/post/29760384-%E7%B5%82%E6%A5%B5%E6%99%BA%E6%85%A7%E6%89%8B%E9%8C%B6%E5%B0%8D%E6%B1%E2%80%A6

26. 頂尖科技 時尚絕美 - Samsung Gear 2 / Gear Fit 智慧手表詳測。作者：廖阿輝。
出處：http://ahuiliao.pixnet.net/blog/post/29989466-%E9%A0%82%E5%B0%96%E7%A7%91%E6%8A%80%E3%80%81%E6%99%82%E5%B0%9A%E7%B5%25%E2%80%A6

27. 蘋果週邊綜合 - 二代新品 Jawbone UP24 試用用智慧手環寫健康日記 - 蘋果。作者：Nanako0625。
出處：http://www.mobile01.com/newsdetail. php?id=14588

28. Fitbit vs Apple Watch: battle of the fitness smartwatches activity trackers - Feature - PC Advisor. 作者：Simon Jary。
出處：http://www.pcadvisor.co.uk/feature/wearable-tech/fitbit-trackers-vs-apple-watch-3612954/

29. Gear S2 讓 Samsung 終於有了款真正漂亮的智慧手錶。作者：Sanji Feng。
出處：http://chinese.engadget.com/2015/09/03/samsung-gear-s2-hands-on/

30. Google Glass 確定停產！試用開箱文再回顧外觀、功能、使用方法完整解析。作者：XiaoYao Liu、洪宥鈞、Ren / GQTaiwan。
出處：http://www.gq.com.tw/gadget/3C/content-17814.html

31. HTC Gluuv 穿戴式于套、三星手指手套不約而同發表。作者：洪聖壹 / 東
    森新聞雲。
    出處：http://www.ettoday.net/news/20140401/341528.htm

32. Jawbone 在新 Up4 中加入移動支付功能。作者：animovilla。
    出處：http://tech2ipo.com/97170

33. 穿戴式裝置風起雲湧，如何定位？作者：歐敏銓 / Makerpro.cc。
    出處：http://makerpro.cc/2015/01/how-to-define-wearable-devices/

34. Jawbone Up3 止式發表：旗下最複雜的健身手環。作者：Sanji Feng。
    山處：http://chinese.engadget.com/2014/11/05/jawbone-up3-health
    -band/

35. Microsoft Band 2 不止彎了起來，也變更聰明了！（動手玩）作者：
    ROSS WANG。
    出處：http://chinese.engadget.com/2015/10/07/microsoft-band-2-
    hands-on/

36. Moov 健身追蹤器：幫你督促自己鍛鍊進度的好夥伴。作者：ROSS
    WANG。
    出處：http://chinese.engadget.com/2014/02/27/moov-fitness-tracker/

37. 超神奇的 NIKE+ FuelBand 開箱文與功能解說。作者：Dancer life。
    出處：https://7dancerlife.wordpress.com/2012/12/07/nike-fuelband-
    %E9%96%8B%E7%AE%B1%E6%96%87-%E8%88%87-
    %E5%8A%9F%E8%83%BD%E8%25A

38. Pebble Steel 評測。作者：MARCO SO。
    出處：http://chinese.engadget.com/2014/07/14/pebble-steel-review/

39. Smartwatch timeline: The devices that paved the way for the Apple
    Watch. 作者：Paul Lamkin。
    出處：http://www.wareable.com/smartwatches/smartwatch-timeline-
    history-watches

40. Wearables in Healthcare. 作者：Spela Kosir。
    出處：https://www.wearable-technologies.com/2015/04/wearables-
    in-healthcare/

41. Which Fitbit is best_ Fitbit Flex vs Fitbit Charge vs Surge, One or Zip - Feature - PC Advisor 作者：Simon Jary。
    出處：http://www.pcadvisor.co.uk/feature/gadget/which-fitbit-is-best-buy-3501231/

42. C/P 值最高的智慧家庭！Fibaro 無線智慧家庭系統。作者：恰爾斯。
    出處：http://unboxing.iguang.tw/article-16207-1.html

43. （好物推薦）SIGMU 中保無限 + "安全" 代表著安心守護，Choyce 居家安裝實錄。作者：Choyce。
    出處：http://choyce.pixnet.net/blog/post/60364969-(%E5%A5%BD%E7%89%A9%E6%8E%A8%E8%96%A6)-sig

    mu-%E4%B8%AD%E4%BF%9D%E7%84%A1

44. 物聯網智慧家居無線解決方案。
    出處：http://3smarket-info.blogspot.tw/2015/12/blog-post_70.html?spref=fb

45. 台灣智慧家電新標準 TaiSEIA 101 發表。作者：May / 科技產業資訊室。
    出處：http://iknow.stpi.narl.org.tw/post/Read.aspx?PostID=10656

46. Thread 可能取代 Zigbee -ZHA 並衝擊智慧家庭的通訊標準。作者：林宗佑 / 科技產業資訊室。
    出處：http://iknow.stpi.narl.org.tw/post/Read.aspx?PostID=10327

47. 超夯！新光保全智慧家雲端物聯網住宅─誕生，科技家庭來啦！作者：ifans 林小旭。
    出處：https://tw.tech.yahoo.com/news/%E8%B6%85%E5%A4%AF-%E6%96%B0%E5%85%89%E4%BF%9D%E5%85%A8%E6%99%BA%E6%85%A7/

48. 物聯網六聯盟，雙 A 選邊站。作者：尹慧中 / 經濟日報。
    出處：http://udn.com/news/story/7240/1007597-%E7%89%A9%E8%81%AF%E7%B6%B2%E5%85%AD%E8%81%AF%E7%9B%9F-%E9%9B%99A%E9%81%25B

49. Seiko Smartwatches. 作者：Stephanie Yip。
    出處：http://www.finder.com.au/seiko-smartwatches

50. Fossil's Palm Watch. 作者：Mike Hanlon。
出處：http://www.gizmag.com/go/1641/

51. 從 IBM 出來創業，蓋德要做出台灣第一個年長者雲端服務網。作者：沈孟學。
出處：http://buzzorange.com/techorange/2014/03/07/interview-guidercare/

52. ARM 推出物聯網新平台，加速軟硬整合開發。作者：楊晨欣。
出處：http://www.bnext.com.tw/article/view/id/33916

53. Best smart clothes: Wearables to Improve your life. 作者：Luke Edwards。
出處：http://www.pocket-lint.com/news/131980-best-smart-clothes-wearables-to-improve-your-life

54. TaiSEIA 101 新標準—搶攻智慧家庭商機。作者：張舜芬 / 工研院。
出處：https://www.itri.org.tw/chi/Content/Publications/contents.aspx?SiteID=1&MmmID=2000&MSid=653430612734511205

55. WHY NEST WANTS WEAVE TO BE THE LANGUAGE OF YOUR CONNECTED HOME. 作者：AUSTIN CARR。
出處：http://www.fastcompany.com/3051787/elasticity/why-nest-wants-weave-to-be-the-language-of-your-connected-home

56. LWC8 開放資料價值 - 以神通健康銀行為例。作者：神資科技工程中心創新業務處 / 黃家煦博士。
出處：http://www.slideshare.net/ifii/lwc8

57. 有惊喜也有不足，小米智能家庭套裝评测。作者：白岩。
出處：http://sh.zol.com.cn/526/5261758.html

58. 智慧燈泡有什麼用？實測 Philips hue 體驗智慧家居時代。作者：Hani。
出處：http://www.techbang.com/posts/18762-philips-hue-smart-light-bulbs-and-innovative-applications-smart-home-era-starting-from-the-bulb

59. The Security Implementation Part I 作者：David Sancho（趨勢科技資安威脅高級研究員）。
出處：http://blog.trendmicro.com/trendlabs-security-intelligence/the-security-implications-of-wearables-part-1/

60. Computex 2014：紡織衣服材料也與科技結合，提供更為舒適的穿戴體驗。作者：亦之華。
出處：https://www.cool3c.com/article/81576

61. 紡織所推可撓式織物超級電容。作者：李水蓮。
出處：http://ctee.com.tw/News/Content.aspx?id=531424&yyyymmd
d=20140623&f=28f930de1ddc99ad73dc39451758ef61&h=ce71d8b
3bbecc62171b7ac1e22d80f45&t=tpp

62. Paro 來源：Wikipedia。
出處：https://en.wikipedia.org/wiki/Paro_（robot）

63. 「由 MEDICS 與 CES 展望 2016 智慧健康與醫療產業發展趨勢」研討會講義。作者：工研院 IEK。

64. 智慧雲插座（D-Link 官網）。
出處：http://www.dlinktw.com.tw/home/product?id=635

65. 個人健康管理中心 12 種手機 App 打造智慧型健康檢查與鍛鍊。作者：esor huang（異塵行者）。
出處：http://www.playpcesor.com/2014/02/12-app.html

66. Athenahealth 來源：Wikipedia。
出處：https://en.wikipedia.org/wiki/Athenahealth

67. 松下新智慧鏡子：教你如何化妝與保養。作者：騰訊數碼 newsboy。
出處：http://3smarket-info.blogspot.tw/2016/01/blog-post_26.html?
spref=fb

68. MyAdvantech #30 Fall 2014

69. 醫療網路服務的未來。作者：鄭春鴻。
出處：http://www.kfsyscc.org/about/interview-topics/yi-liao-wang-lu-
fu-wu-de-wei-lai

70. 人工智慧對抗癌症的時代來了。
出處：http://zh.cn.nikkei.com/industry/scienceatechnology/15486-
20150803.html

71. 氣體感測器。來源：台灣 wiki。
出處：http://www.twwiki.com/wiki/%E6%B0%A3%E9%AB%94%E6
%84%9F%E6%B8%AC%E5%99%A8

72. 紅外線氣體偵測器 / 準分子氣體。作者：先鋒科技。
出處：http://teo.com.tw/prod.asp?lv=0&id=212

73. 超声波传感器：紫外线传感器工作原理电路图。作者：中国百科网。
出處：http://www.chinabaike.com/2011/0121/201336.html

74. 加速規。
出處：https://zh.wiklpedia.org/wiki/%E5%8A%A0%E9%80%9F%E8
%A6%8F

75. 心電圖。
出處：https://zh.wikipedia.org/wiki/%E5%BF%83%E7%94%B5%E5
%9B%BE

76. PPG。
出處：https://en.wikipedia.org/wiki/Photoplethysmogram

77. 準確測量高度 / 氣壓變化—電容式壓力暨應用需求升溫。作者：郭秦輔。
出處：http://www.2cm.com.tw/coverstory_content.asp?sn=1412220012

78. 圖像傳感器。來源：Wikipedia。
出處：https://zh.wikipedia.org/wiki/%E5%9B%BE%E5%83%8F%E4
%BC%A0%E6%84%9F%E5%99%A8

79. 蜂巢式網路。來源：Wikipedia。
出處：https://zh.wikipedia.org/wiki/%E8%9C%82%E7%AA%9D%E7
%BD%91%E7%BB%9C

80. 2G。來源：Wikipedia
出處：https://zh.wikipedia.org/wiki/2G

81. 通用封包無線服務。
出處：https://zh.wikipedia.org/wiki/GPRS

82. 分時多工。來源：Wikipedia。
出處：https://zh.wikipedia.org/wiki/%E6%97%B6%E5%88%86%E5
%A4%9A%E5%9D%80

83. 3G。來源：Wikipedia。
出處：https://zh.wikipedia.org/wiki/3G

84. 4G。來源：Wikipedia。出處：https://zh.wikipedia.org/wiki/4G

85. 藍牙。來源：Wikipedia。
出處：https://zh.wikipedia.org/wiki/%E8%97%8D%E7%89%99

86. 光學／電容感測方案趨成熟—指紋辨識兼顧安全及便利。作者：巫仁杰。
出處：http://www.mem.com.tw/article_content.asp?sn=1401020030

87. Wi-Fi。來源：Wikipedia。
出處：https://zh.wikipedia.org/wiki/Wi-Fi

88. IEEE 802.11ac。來源：Wikipedia。
出處：https://zh.wikipedia.org/wiki/IEEE_802.11ac

89. Wi-Fi 直連。來源：Wikipedia。
出處：https://zh.wikipedia.org/wiki/Wi-Fi%E7%9B%B4%E8%BF%9E

90. Miracast。來源：Wikipedia。
出處：https://zh.wikipedia.org/wiki/Miracast

91. Zigbee。來源：Wikipedia。
出處：https://zh.wikipedia.org/wiki/ZigBee，https://en.wikipedia.org/
wiki/ZigBee

92. Thread／藍牙爭出頭—ZigBee 啟動智慧家庭市場保衛戰。作者：蕭玕欣。
出處：http://www.2cm.com.tw/markettrend_content.asp?sn=
1501190034

93. ZigBee PRO with Green Power。來源：Wikipedia。
出處：http://www.zigbee.org/zigbee-for-developers/network-
specifications/zigbeepro/

94. 智慧家庭的物聯網連接：論 ZigBee 技術與應用。作者：DIGITIMES。
出處：http://www.digitimes.com.tw/tw/iot/shwnws.asp?cnlid=15&id=0000404545_GT441V4R5OQLKZ4RU2UI0&ct=1

95. Z-Wave。來源：Wikipedia。
出處：https://en.wikipedia.org/wiki/Z-Wave

96. Google 大神在 Big Data 應用上的技術與論文介紹，好神。作者：Yun-Ning。
出處：http://buzzorange.com/techorange/2013/05/14/big-data-beyond-mapreduce/

97. Apache Spark。來源．Wikipedia。
出處：https://zh.wikipedia.org/wiki/Apache_Spark

98. Z-Wave。來源：Wikipedia。
出處：https://en.wikipedia.org/wiki/Z-Wave

99. 蓄勢待發，Z-Wave 技術的市場前景。作者：鉅亨網。
出處：http://mag.cnyes.com/Content/20110722/6EA9F63723CE4D08A3227504869849BF.shtml

100. Thread（network protocol）。來源：Wikipedia。
出處：https://en.wikipedia.org/wiki/Thread_（network_protocol）

101. LoRa Technology。來源：Wikipedia。
出處：https://www.lora-alliance.org/What-Is-LoRa/Technology

102. C-Bus（protocol）。來源：Wikipedia。
出處：https://en.wikipedia.org/wiki/C-Bus（protocol）

103. KNX 官網。出處：www.knx.org

104. 巨宇電機官網。出處：http://smart.jiuhyeu.com.tw/concept.php

105. 台灣 KNX 發展近況。作者：楊智翔。
出處：http://www.tabc.org.tw/seminars/1020315KNX/01.pdf

106. AllJoyn。來源：Wikipedia。
出處：https://en.wikipedia.org/wiki/AllJoyn

107. 日廠增產鋰電池追趕韓國，台廠如何殺出重圍？作者：吳碧娥。
　　 出處：http://www.naipo.com/Portals/1/web_tw/Knowledge_Center/
　　 Industry_Economy/publish-395.htm

108. AMOLED。來源：Wikipedia。
　　 出處：https://zh.wikipedia.org/wiki/AMOLED

109. mbed。來源：Wikipedia。出處：https://en.wikipedia.org/wiki/mbed

110. 什么是联发科 LinkIt^{TM} ONE 开发平台。
　　 出處：http://labs.mediatek.com/site/znch/developer_tools/mediatek_
　　 linkit/whatis_linkit/index.gsp

111. 功能強大的雙核 Maker 開發板。作者：路向陽。
　　 出處：http://innomambo.com/2014/09/powerful-dual-core-development
　　 -board-warp-for-makers/

112. Maker 五大 32 位開發板選擇指南。作者：路向陽。
　　 出處：http://innomambo.com/2014/09/how-to-select-the-develpment
　　 -boards-for-makers/

113. 什麼是 Intel Edison? 作者：T 客邦。
　　 出處：http://technews.tw/2015/07/09/what-is-intel-edison/

114. Broadcom's WICED dev kit makes it easy to prototype new Internet
　　 of things applications. 作者：DEAN TAKAHASHI。
　　 出處：http://venturebeat.com/2014/08/27/broadcoms-wiced-dev-
　　 kit-makes-it-easy-to-prototype-new-internet-of-things-applications/

115. 樹莓派。來源：Wikipedia。
　　 出處：https://zh.wikipedia.org/zh-hant/%E6%A0%91%E8%8E%93
　　 %E6%B4%BE

116. 施奈德台灣官網。
　　 出處：http://www.schneider-electric.com/site/home/index.cfm/tw/

117. 東訊台灣官網。
　　 出處：http://www.tecom.com.tw/tw/product-solutions/consumer/

118. 遠雄跨界結盟，連手共築三能一雲智慧宅。作者：蘋果日報。
　　 出處：http://www.appledaily.com.tw/appledaily/article/property/
　　 20131021/35377976/

119. 遠雄二代宅官網。
出處：http://www.farglory-realty.com.tw/house2.php?recordId=22&gNum=10

120. 海爾優家 APP 新升級，三大亮點讓智慧生活觸手可及。
出處：http://big5.china.com.cn/gate/big5/science.china.com.cn/2015-09/15/content_8236073.htm

121. 海爾官網。
出處：http://www.haier.net/cn/

122. Critical Review on Smart Clothing Product Development. 作者：My Suh。

123. Visijax intelligent jackets - visijax.com 作者：Wearable Technology。
出處：http://www.wearable.technology/index.php/case-studies/

124. exmobaby 官方資料。
出處：http://exmovere.cn/?page=product_exmobaby

125. profileMyRun 官網。
出處：http://www.profilemyrunpromo.com/runbetter/

126. Roundarch Isob 來源 wikipedia。
出處：https://en.wikipedia.org/wiki/Roundarch_Isobar

127. 砸 10 亿就要干掉 Nike 当老大，Under Armour 的自信从哪来？作者：broccoli。
出處：http://www.huxiu.com/article/137134/1.html

128. 指紋辨識器。作者：Mark Fischetti。
出處：http://sa.ylib.com/MagCont.aspx?Unit=columns&id=200

129. [COMPUTEX 2015] 智慧衣的未來，紡織所連消防員的安全都考慮到了。
作者：liu milo。
出處：http://technews.tw/2015/06/02/computex-2015-tiri/

130. 台北國際電腦展紡織所受首度公開 RedDotAward「心臟復健輔助系統」。
作者：周伶繁。
出處：http://info.taiwantrade.com.tw/CH/bizsearchdetail/7504475/C

131. 研究发现 Jawbone、Fitbit 等手环泄露用户信息，唯 Apple Watch 幸免。作者：晓桦。
出處：http://www.leiphone.com/news/201602/8RWvQqUW7ylMv3TA.html

132. 英特爾點名，智慧衣台廠贏在起跑點。作者：鄧寧。
出處：http://www.businesstoday.com.tw/article-content-92751-130972

133. 巨型 T-man—紡織機器人首映，紡織所研發 LED 光電紡織品—靚亮出爐。作者：紡織綜合研究所。
出處：http://www.ttri.org.tw/content/news/news01_01.aspx?sid=1308

134. 智慧健康椅。作者：工研院生醫與醫材研究所。
出處：https://www.itri.org.tw/chi/Content/MsgPic01/Contents.aspx?SiteID=1&MmmID=620605426112545320&MSid=654720264763605556

135. Drama 智慧椅糾正坐姿防骨痛。作者：unwire.hr。
出處：https://www.cool3c.com/article/82124

136. 工作總會坐整天，免除大屁屁的智慧桌，會如何逼你站起來？作者：滴滴。
出處：http://buzzorange.com/vidaorange/2015/03/31/smart-desk-reminds-you-to-stand-up/

137. 你翻身，你起床，「智慧床墊感應模組」都知道。作者：陸子鈞。
出處：http://pansci.asia/archives/76588

138. 睡眠革命來襲：《智慧型床墊》問世。
出處：http://web-inlife.com/?q=node/91

139. uBabyCare 官網。出處：http://ubabycare.com/product1.htm

140. Health o meter nuyu Sleep System. 作者：Boca Raton。
出處：https://www.indiegogo.com/projects/health-o-meter-nuyu-sleep-system#/

141. 智慧床電祝好眠，還能溫柔叫床。作者：周淑萍。
出處：http://www.appledaily.com.tw/realtimenews/article/new/20150930/701555/

142. Chrona 智慧枕頭：發射 Delta 波讓你沾枕頭就著。作者：極客視界。
出處：http://www.tw223.com/kj/7346.html

143. Dacor 官網。
出處：http://www.dacor.com/Products/Ranges/Discovery-48-Dual-Fuel-Range

144. Smart Mirror 智慧化妝鏡。作者：蔡耀賢、毛志芳。
出處：http://www.find.org.tw/market_info.aspx?n_ID=8379

145. 邊刷邊玩遊戲的 Playbrush 智慧牙刷。作者：陳昱穎。出處：http://www.find.org.tw/market_info.aspx?n_ID=8700

146. Neuroon 智能睡眠眼罩：可助緩解失眠和解決時差問題。作者：Jane。
出處：http://www.le365.cc/80863.html

147. 智慧嬰兒浴缸會測水溫，獲紐倫堡發明展金牌。作者：胡清暉。
出處：http://www.chinatimes.com/realtimenews/20141102002278-260412

148. Big Data Helps Kaiser Close Healthcare Gaps. 作者：Neil Versel。
出處：http://www.informationweek.com/healthcare/electronic-health-records/big-data-helps-kaiser-close-healthcare-gaps/d/d-id/1108977?

149. Omada Health 官網。網址：https://omadahealth.com/

150. 今日我最夯／智慧型隱形眼鏡，眨眨眼…擁有超人視力。作者：葉亭均。
出處：http://money.udn.com/money/story/6674/1107073-%E4%BB%8A%E6%97%A5%E6%88%91%E6%9C%80%E5%A4%AF%EF%BC%8F%E6%99%BA%E6%85%A7%E5%9E%8B%E9%9A%B1%E5%BD%A2%E7%9C%BC%E9%8F%A1-%E7%9C%A8%E7%9C%A8%E7%9C%BC%E2%80%A6%E6%93%81%E6%9C%89%E8%B6%85%E4%BA%BA%E8%A6%96%E5%8A%9B

151. 美國智慧醫療產業概況。作者：台灣經貿網。
出處：https://info.taiwantrade.com.tw/CH/download/1005735

152. 台灣龍骨王官網。
出處：http://www.longgood.com.tw/

153. 生物感測器。
出處：http://140.128.142.86/yclclass/Biotechnology/2004sep/
Biosensor1.pdf

154. Biosensor。來源：Wikipedia。
出處：https://en.wikipedia.org/wiki/Biosensor

155. 智慧型行動手持裝置專利戰爭—Apple vs. HTC。作者：May。
出處：http://cdnet.stpi.narl.org.tw/techroom/pclass/2011/pclass_11_
A172.htm

156. 民揚生醫官網。
出處：http://www.my-cares.com/index.php

157. 無線射頻辨識。來源：Wikipedia。
出處：https://zh.wikipedia.org/wiki/%E5%B0%84%E9%A2%91%E8
%AF%86%E5%88%AB

158. 近場通訊。來源：Wikipedia。
出處：https://zh.wikipedia.org/wiki/%E8%BF%91%E5%A0%B4%E9
%80%9A%E8%A8%8A

159. 數位藥丸—血液裡的新警察。作者：彭子珊。
出處：http://www.cw.com.tw/article/article.action?id=5074393

160. Virtual Reality。來源：Wikipedia。
出處：https://en.wikipedia.org/wiki/Virtual_reality

161. AR。來源：Wikipedia。
出處：https://en.wikipedia.org/wiki/AR

162. Holograic Display。來源：Wikipedia。
出處：https://en.wikipedia.org/wiki/Holographic_display

163. 智慧型機器人輪椅技術開發與產業應用。作者：徐業良。
出處：http://www.etop.org.tw/index.php?d=epp&c=epp12911&m=s
how&id=436

164. [MWC 現場] 手錶也能換裝！宏碁結盟瑞士錶商，加框一秒變身智慧錶。
作者：詹子嫻。
出處：http://www.bnext.com.tw/article/view/id/38749

165. 微軟高通英特爾成立統一物聯網標準組織。來源：新浪科技。
出處：http://tech.sina.com.cn/it/2016-02-20/doc-ifxprucu3034306.
shtml

166. Your smart-home network will be a mess. 作者：Stephen Shankland。
出處：http://www.cnet.com/news/your-smart-home-network-will-be-a-mess-to-start-with

167. Which Fitbit is best to buy? Fitbit Charge, HR, Surge, Blaze, Alta,
Ono, Zip or Flex activity tracker. 作者：Simon Jary。
出處：http://www.pcadvisor.co.uk/feature/gadget/which-fitbit-is-best-buy-3501231/

168. Fitbit's newest band, Alta, is totally aimed at fashion. 作者：CNet。
出處：http://www.cnet.com/products/fitbit-alta/

169. LTE-M 發展歷程。作者：黃繼寬。
出處：http://www.digitimes.com.tw/tech/dt/n/shwnws.asp?id=
0000461675_jgm7a4hk6ryfhu6gx89i6&ct=1

170. Google Glass! Glassware Development 全新開發體驗。作者：佘志
龍，、陳昱勛、鄭名傑、黃信祥、陳小鳳、連國棟。悅知文化出版社 (2013
年)。

171. 穿今戴贏？未來 10 年智慧穿戴裝置發展藍圖。作者：侯鈞元。財團法人
工業技術研究院產業經濟與趨勢研究中心出版社 (2014 年)。

172. VR 開發實戰。作者：冀盼、謝懿德。電子工業出版社 (2017 年)。

173. VR 大衝擊。作者：新 清士 / 翻譯：林佑純、劉亭言。城邦文化事業股份
有限公司 - 商業週刊 (2017 年)。

174. 軟性薄膜電池開啟能量儲存新時代。作者：麥利。
出　處：http://archive.eettaiwan.com/www.eettaiwan.com/ART_
8800720915_675763_NT_c8fdf92d.HTM

175. 增進穿戴裝置續航力，軟包裝可撓式電池技術崛起。作者：呂學隆。
出處：http://www.2cm.com.tw/technologyshow_content.asp?sn=
1501190024

176. 馬斯克不看好的固態電池，戴森卻偏要斥資 14 億美金建廠。作者：雷鋒網。

出處：https://technews.tw/2016/08/30/dyson-new-all-solid-state-battery-factory/

177. 軟板鋰陶瓷電池。來源：輝能科技。

出處：http://www.prologium.com/Application.aspx?02F0EA87FB60FF52F33D79898965135BECF8E77201CD155F8AE053B29A1F9BEC84C6031BD3815917A0C140E0317C2CE2992B03E472BC2E8B8D17F17F19B05284A984A2AD8063CB386F4E19E16F5589A7D25CDB8BB7E78CAF563DD012ADA4DBD43037A1B868EBA7CD84BDE43C97CBA38F7B8D6972BA2F9596A90ACEB04B2BA77E027641D69079EF737F665A345F0695E9231B789E878269788234121D5C02BCDD4DC5F6F9BFEDCEC3

178. 電池薄如紙片可彎曲！三星 SDI 新技術、推可捲電池。作者：MoneyDJ 新聞 – 陳苓。

出處：http://blog.moneydj.com/news/2014/10/15/%E9%9B%BB%E6%B1%A0%E8%96%84%E5%A6%82%E7%B4%99%E7%89%87%E5%8F%AF%E5%BD%8E%E6%9B%B2%EF%BC%81%E4%B8%89%E6%98%9Fsdi%E6%96%B0%E6%8A%80%E8%A1%93%E3%80%81%E6%8E%A8%E5%8F%AF%E6%8D%B2%E9%9B%BB%E6%B1%A0/